W0289393

Kelsey Oseid

Was wir in den Sternen sehen

Eine bezaubernde Reise zu den strahlenden Himmelskörpern

LV.Buch
Die Begeisterungswerkstatt

KELSEY OSEID

WAS WIR IN DEN STERNEN SEHEN

Eine bezaubernde Reise zu den strahlenden Himmelskörpern

EINFÜHRUNG

In der Vergangenheit beruhte unser Verständnis des Kosmos nicht auf wissenschaftlich nachweisbaren Fakten, sondern auf unmittelbaren Beobachtungen der funkelnden Weite des Nachthimmels.

Einst stellte man sich den Himmel als eine Art hohle Kuppel vor, die die Erde umgab und auf der die Sterne als helle Punkte leuchteten. Als man bemerkte, dass sich einige dieser hellen Punkte auf anderen Umlaufbahnen bewegten als andere, wurde die Erklärung entsprechend angepasst: Die Erde sei nicht von einer, sondern von mehreren durchsichtigen, kristallenen Sphären umschlossen, die einander umgaben und sich auf verschiedenen Kreisbahnen bewegten. Auf diese Sphären wurden dann die Sternbilder, die Sonne und der Mond kartografiert.

Die alten Theorien zur Funktionsweise des Universums waren zwar fehlerhaft, doch das Beobachten von Himmelskörpern erwies sich als Schlüssel für einige der wichtigsten Errungenschaften der Menschheit. Kalender, die sich an den Bewegungen von Sonne, Mond und Sternen orientierten, waren für die Entwicklung der frühen Landwirtschaft unverzichtbar. Anhand der Position der Sternbilder navigierten Entdecker bei ihren Versuchen, die Welt zu umsegeln. Die Bedeutung der Himmelskörper in der Geschichte der Menschheit ist nicht zu unterschätzen.

In der heutigen Zeit verbringen die meisten Menschen den Großteil ihrer Zeit drinnen, das Leben in lichtverschmutzten Städten ist die Norm. Kein Wunder, dass sich unsere Sternbeobachtungen oft darauf beschränken, gelegentlich den Mond wahrzunehmen, wenn dieser besonders hell am Himmel steht. Selbst die Milchstraße – unsere eigene Galaxie, die sich als weicher Lichtstrahl über den Himmel zieht – lässt sich inmitten der künstlichen Lichtquellen unserer Welt unmöglich mit bloßem Auge sehen. So gerät der Zauber des Nachthimmels leicht in Vergessenheit.

Wenn wir uns einen Moment Zeit nehmen, nach oben zu schauen, spüren wir, was die Menschheit seit 200.000 Jahren mit Ehrfurcht und Staunen erfüllt. Dieses Buch ist ein Reiseführer durch den Nachthimmel, basierend auf den alten Namen und Geschichten, die von Astronomen noch heute verwendet werden. Wir werden uns den hellsten Objekten unseres Sonnensystems widmen: den Sternbildern, dem Mond, den hellen Sternen und den sichtbaren Planeten. Danach geht die Reise weiter zu weniger bekannten Himmelsphänomenen wie den äußeren Planeten und den Raum jenseits unseres Sonnensystems. Ausflüge in Mythologie und Wissenschaft runden unsere Reise ab.

UNSERE POSITION IM WELTRAUM

BEVOR WIR DIE UNS UMGEBENDEN HIMMELSKÖRPER ERGRÜNDEN, WERFEN WIR EINEN KURZEN BLICK AUF UNSERE EIGENE „KOSMISCHE ADRESSE".

Wir leben auf dem Planeten
ERDE
Auf der Umlaufbahn um den Stern
SONNE
In unserem
SONNENSYSTEM
In der Galaxie
MILCHSTRASSE
Im Galaxiehaufen
LOKALE GRUPPE
Als Teil des
VIRGO-SUPERHAUFENS
Einem von Millionen Superhaufen im
BEOBACHTBAREN UNIVERSUM

DIE STERNBILDER

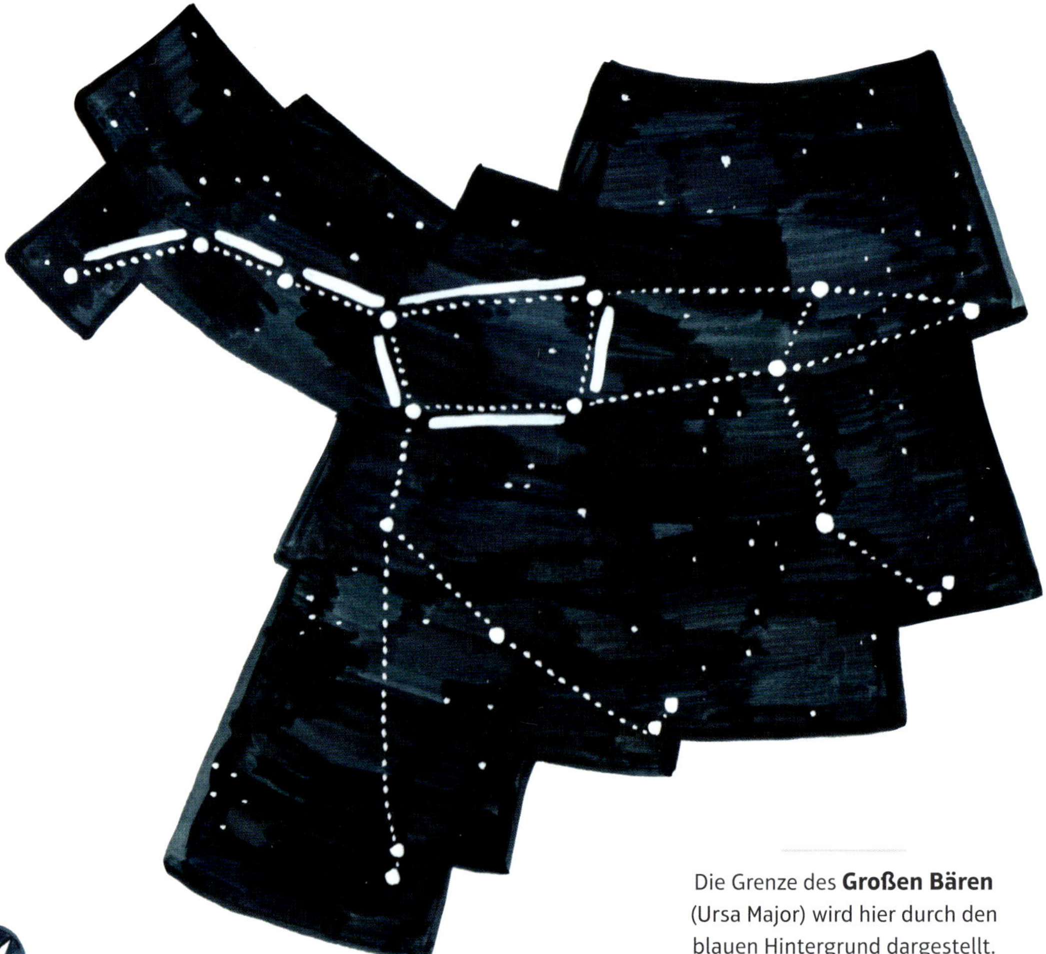

Die Grenze des **Großen Bären** (Ursa Major) wird hier durch den blauen Hintergrund dargestellt. Die altüberlieferte Form des Sternbildes ist durch gepunktete Linien gekennzeichnet; die durchgezogenen Linien zeigen den markantesten Asterismus, den **Großen Wagen**.

DIE STERNBILDER

Sternbilder sind sowohl sehr alt als auch sehr jung.
Wir haben sie mit mystisch klingenden Namen ausgestattet – Adler, Kleine Wasserschlange, Füllen, Kranich – und sie in alte Legenden eingebettet, in eine Welt der Götter, des Zaubers, des Abenteuers und der Rache.
Gefühlt sind sie also uralt.

Tatsächlich sind die Himmelskonstellationen jedoch relativ flüchtig. Ob und wie wir sie sehen, hängt von unserer Perspektive in Raum und Zeit ab, denn das Universum unterliegt einem konstanten Wandlungsprozess. Befänden wir uns also in einer anderen Zeit oder an einem anderen Ort, würden uns die Sterne völlig anders erscheinen. Und obwohl die Sterne einer Konstellation nah beieinander zu liegen scheinen, sind sie in den meisten Fällen im Raum sehr weit voneinander entfernt. Wir sehen sie nur als Punkt, doch in Wirklichkeit sind sie dreidimensional. Könnten wir unseren Standort im Kosmos ändern, indem wir auf einen anderen Stern reisen, so würden wir keine der uns bekannten Konstellationen sehen.

Es ist schwer vorstellbar, dass jene Sternenformen, die uns als fester Bestandteil unserer Welt erscheinen, tatsächlich vergänglich sind – zumindest auf dem kosmischen Zeitstrahl. Nur ungern denken wir an die flüchtige Natur unseres eigenen Daseins, also klammern wir uns an das, was wir als feststehend wahrnehmen. Wenn wir zum Himmel aufschauen, wollen wir das, was wir sehen, wiedererkennen. Bisher war uns dies auch möglich.

Die Zeitskala der Menschheitsgeschichte ist winzig im Vergleich zu jener des Universums – der moderne Mensch existiert erst seit etwa 200.000 Jahren, während das Universum auf 13,8 Milliarden Jahre geschätzt wird. Die Sterne sind ständig in Bewegung, aber sie bewegen sich so langsam, dass sie uns als beinah feststehend erscheinen. Auch unser Sonnensystem bewegt sich sehr langsam. Dennoch ist das Erscheinungsbild der uns bekannten Konstellationen seit Beginn der Menschheitsgeschichte fast unverändert geblieben.

In der Astronomie bezieht sich die Bezeichnung „**Sternbild**" (auch „Konstellation" genannt) auf eine Himmelsfläche innerhalb einer Grenzlinie, nicht auf markante Gruppen von Sternen, die unser Auge als Formen wahrnimmt – diese werden als „**Asterismen**" bezeichnet. Die meisten Sternbilder enthalten gleichnamige Asterismen (innerhalb der Konstellation des Orion sehen wir beispielsweise den Asterismus von Orion dem Himmelsjäger). Einige Konstellationen enthalten andere erkennbare Asterismen (so enthält der Große Bär beispielsweise den Asterismus des Großen Wagens).

Wenngleich markante Asterismen wie der Große Wagen beim Blick in den Himmel eine Orientierung bieten, widmet sich dieses Buch den von der **Internationalen Astronomischen Union** (IAU) festgelegten Konstellationen. Dies sind die von Astronomen festgelegten Grenzen zwischen verschiedenen Phänomenen im gesamten Himmelsraum.

• • •

Die Konstellationen dienen als eine Art Himmelskarte: Jeder von der Erde aus mit bloßem Auge oder einem Teleskop beobachtbare Stern ist einer bestimmten Konstellation zugewiesen. Auch andere Phänomene werden in die Konstellationen eingeordnet – so könnte ein Astrophysiker beispielsweise von einem „Nebel im Sternbild des Stiers" oder einem „Exoplaneten im Sternbild des Pegasus" sprechen. Obwohl die Objekte im fernen Weltraum für uns mit bloßem Auge nicht sichtbar sind, können wir die Grenzen ihrer Konstellationen wahrnehmen.

Im Laufe der Geschichte wurden von verschiedenen Kulturen überall auf der Welt unterschiedlichste Sternbilder benannt und definiert – einige davon überlappen einander. Im Jahr 1930 veröffentlichte die IAU eine universelle Sternenkarte, die sowohl von professionellen Astronomen als auch von Hobby-Sternbeobachtern auf der ganzen Welt genutzt werden kann. Die Karte enthält 84 Konstellationen und ist bis heute in Gebrauch.

Über die Hälfte der 84 Sternbilder stammen aus dem zweiten Jahrhundert. Zu dieser Zeit legte **Claudius Ptolemäus**, ein griechisch-ägyptischer Philosoph und Astronom, seinen Almagest vor, eine umfassende Darstellung des astronomischen Systems. Die Namen der von ihm festgelegten Konstellationen stammen aus der griechischen Mythologie und beziehen sich auf Tiere und Objekte, die den alten Griechen geläufig waren (einige der Namen haben ihre Wurzeln in der babylonischen oder sumerischen Mythologie). Im 16. und 17. Jahrhundert ergänzten europäische Astronomen die restlichen Konstellationen. Diese Sternbilder sollten die Lücken in der Sternenkarte mit jenen Objekten füllen, die im ptolemäischen System fehlten, sodass nun der gesamte Himmelsraum in Sternbilder aufgeteilt werden konnte. Viele der neuen Namen bezogen sich auf Technologien, die zu jener Zeit entdeckt worden waren, oder auf Tiere, die die europäischen Entdecker auf ihren Weltreisen zur Kartierung des südlichen Himmelsraumes erstmals beobachteten.

DIE HIMMELSKUGEL

Die meisten Gelehrten des Altertums, die sich der Astronomie widmeten, glaubten an das sogenannte ptolemäische Weltbild, das die Erde als Mittelpunkt des Kosmos ansah, umgeben von einer „**Himmelskugel**“ genannten Sphäre, auf der sich die Sterne als Lichtpunkte bewegten.

Der Glaube an die Himmelskugel war so standfest, dass die Konstellationen früher oft spiegelverkehrt gezeichnet wurden – so wie die Götter außerhalb der Himmelskugel sie sehen würden.

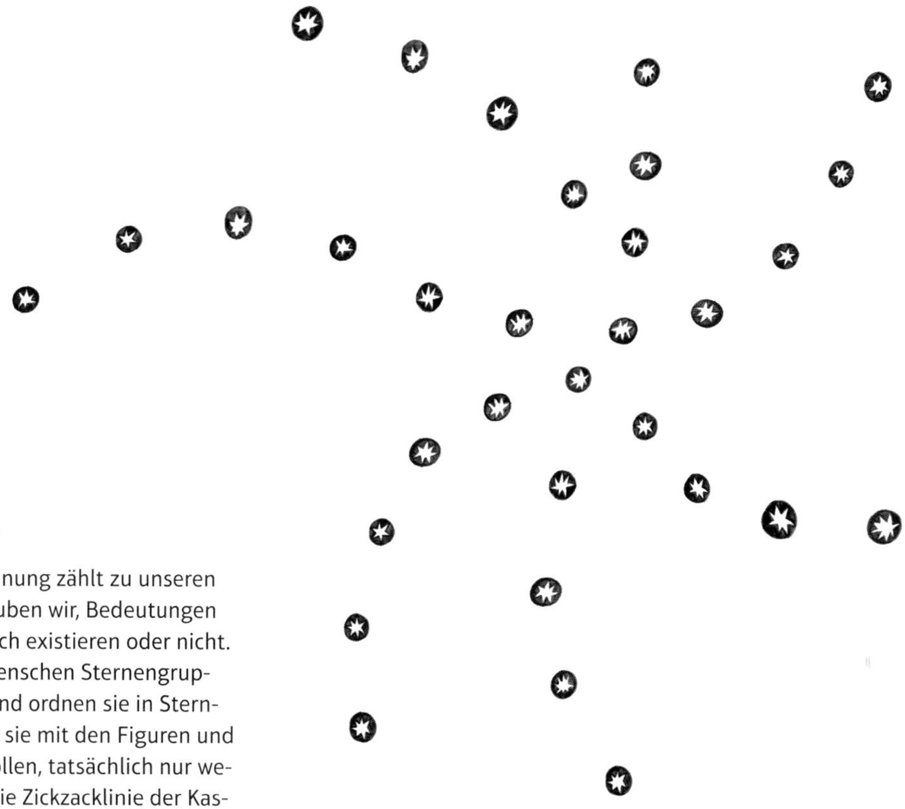

Die Fähigkeit der Mustererkennung zählt zu unseren größten Stärken – überall glauben wir, Bedeutungen zu erkennen, ob sie nun wirklich existieren oder nicht. Seit dem Altertum nehmen Menschen Sternengruppierungen am Himmel wahr und ordnen sie in Sternbilder ein – selbst dann, wenn sie mit den Figuren und Objekten, die sie darstellen sollen, tatsächlich nur wenig Ähnlichkeit haben. Sieht die Zickzacklinie der Kassiopeia tatsächlich wie ein Thron aus? Erinnern die sanduhrförmig angeordneten Sterne im Orion tatsächlich an einen menschlichen Oberkörper? Oft ist es lediglich Zufall, dass die Sterne von der Erde aus gesehen auf eine gestimmte Art und Weise „angeordnet" erscheinen. Unser Wunsch, ihnen Muster und Bedeutungen zuzuordnen, ist der falschen Mustererkennung zuzuschreiben. In der Geschichte der Astronomie finden sich dafür zahlreiche Beispiele: Wir glauben, uns selbst und uns bekannte Objekte in den Sternen wiederzuerkennen. Dabei sagt das, was wir in den Sternen sehen, viel über uns selbst aus.

Bis heute sind die Sternbilder für uns Erdenbewohner nützlich. Sie ermöglichen uns, den ungemein komplexen, **dreidimensionalen Kosmos** in zwei Dimensionen zu begreifen. Wir lernen die Namen und die ihnen zugrunde liegenden Geschichten kennen und bauen uns ein Vokabular auf, um den Nachthimmel zu verstehen und zu beschreiben.

HELLE STERNE

Die relative Helligkeit oder Dunkelheit eines Sterns, die Beobachter von der Erde aus wahrnehmen, hängt von verschiedenen Faktoren ab. Ein wichtiges Kriterium ist die Entfernung des Sterns von der Erde, denn Himmelskörper erscheinen heller, wenn sie sich näher an unserem Sonnensystem befinden, und dunkler, wenn sie weiter entfernt sind.

Dennoch sind nicht alle der hellsten Sterne am Nachthimmel der Erde am nächsten. Einige sind größer, während andere eine höhere Strahlkraft aufweisen. Sie mögen weiter von uns entfernt liegen als andere Sterne, doch wir nehmen sie ebenso deutlich oder gar noch deutlicher wahr. Manchmal erscheinen uns helle Flecken am Himmel als Sterne, obwohl es sich tatsächlich um ganze Sternensysteme aus zwei oder mehr Sternen handelt – selbstverständlich erscheinen sie dadurch von der Erde aus heller.

Viele Namen von Sternbildern haben ihre Wurzeln im Griechischen oder Lateinischen, doch die Mehrzahl der anerkannten Namen der hellsten Sterne stammt aus dem Arabischen. Gelehrte aus der islamischen Welt haben im Mittelalter maßgeblich zur Weiterentwicklung der Astronomie beigetragen. Während weite Teile Westeuropas unter der dunklen, forschungsfeindlichen Zeit des Mittelalters wie begraben lagen, brachten islamische Forscher die sogenannte Blütezeit des Islam voran, von der auch die Astronomie profitierte. Astronomen wie **Abd ar-Rahman as-Sufi** schufen Himmelskarten mit arabischen Sternennamen, die sich oft von zeitgenössischen Legenden ableiteten. Diese arabischen Namen wurden dann für den offiziellen Gebrauch übersetzt und in einigen Fällen latinisiert – viele von ihnen finden bis heute Verwendung.

PRÄZESSION UND WANDERNDE POLARSTERNE

Wer auf der Nordhalbkugel lebt, hat vermutlich schon vom Polarstern (auch Polaris genannt) gehört. Dieser ist zwar nicht besonders hell, aber durch seine Position am Himmel von besonderer Bedeutung.

Polaris befindet sich im Sternbild des Großen Bären und erscheint dort als Fixpunkt, den die anderen sichtbaren Sterne zu umkreisen scheinen. Dies macht ihn zu einem wichtigen Navigationspunkt, denn ungeachtet der Nacht- oder Jahreszeit weist er nach Norden, was sich zumindest für die nächsten Jahrhunderte nicht ändern wird. Obwohl Polaris eine unverrückbare Position am Himmel zu haben scheint, wird er nicht für immer der Polarstern bleiben – der Grund dafür ist das Phänomen der **Präzession**. Die Erde dreht sich um eine leicht geneigte Nord-Süd-Achse, die beim Umkreisen der Sonne zu verschiedenen Jahreszeiten führt. Doch auch die Neigung der Erdachse ist bestimmten Zyklen unterworfen. Ihre langsame Rotation ist im Verlauf eines Menschenlebens nicht wahrnehmbar, zeigt sich aber im Verlauf der Jahrhunderte und Jahrtausende deutlich. Als die alten Ägypter ihre Pyramiden bauten, galt der Stern **Thuban** im Sternbild des Drachen als Polarstern. Es existieren sogar Belege dafür, dass einige der Pyramiden auf Thuban ausgerichtet gebaut wurden.

Jeder Polarstern
verbleibt so lange in seiner scheinbar fixierten Position, bis sich die Erdachse von ihm wegbewegt – ein zyklischer Prozess. Die Erdachse benötigt etwa 26.000 Jahre, um eine komplette Drehung zu absolvieren und die Bewegung von vorn zu beginnen. Die momentane Neigung der Erdachse bewirkt, dass Polaris direkt über dem Nordpol steht. In 26.000 Jahren wird Polaris erneut der Nordstern sein.

DIE EKLIPTIK

Während sich die Erde täglich um die eigene Achse dreht, scheinen die Objekte am Nachthimmel auf- und unterzugehen und in einem großen Bogen über den Himmel zu ziehen.
Die Sterne scheinen sich im Laufe der Nacht mehr oder weniger auf derselben Bahn zu bewegen. Bei genauem Hinsehen erkennt man jedoch einige helle Punkte, die wie Sterne aussehen, sich jedoch auf einer völlig anderen Bahn bewegen – diese Himmelsobjekte sind die Planeten.

Das Wort Planet kommt aus dem Griechischen und bedeutet so viel wie „Wandelstern“ – die alten Griechen nahmen Planeten als Sterne wahr, die nicht den Bahnen der restlichen Sterne folgten, sondern stattdessen ihren eigenen Weg gefunden hatten. Diese Bahn, auf der sich nachts die Planeten und der Mond sowie tagsüber die Sonne über den Himmel bewegen, wird Ekliptik genannt.

Würde man auf einer **Sternenkarte** diese Bahn mit einer Linie nachzeichnen, so würde diese 13 Sternbilder durchkreuzen: Widder, Stier, Zwillinge, Krebs, Löwe, Jungfrau, Waage, Skorpion, Schlangenträger,

Schütze, Steinbock, Wassermann und Fische. Bis auf den Schlangenträger, der die Ekliptik nur ganz am Rande streift, sind uns diese Sternbilder als die zwölf Tierkreiszeichen der westlichen Astrologie beziehungsweise als die Sternbilder des **Zodiak** bekannt.

Bedingt durch das Phänomen der Planetenschleife scheinen Planeten manchmal plötzlich auf ihrer **ekliptischen Bahn** innezuhalten und für kurze Zeit in umgekehrte Richtung zurückzuwandern, bevor sie ihren Weg wieder rechtsläufig fortsetzen. Da sich die frühe Astronomie auf ein geozentrisches Weltbild stützte – die Vorstellung, die Erde befände sich im Zentrum des Universums–, wurde der Kosmos lange als zweidimensionale Ebene angesehen. Mathematiker und Astronomen, die sich diesem Weltbild verschrieben hatten, stellten hoch komplizierte Berechnungen und Formeln auf, um die Bewegung der Planeten in Relation zu den Sternen nachzuvollziehen. Sie beherrschten zwar die Mathematik, vermochten es aber nicht, diese mit den physikalischen Gegebenheiten der Geschehnisse zu vereinen, die sich über ihren Köpfen im Himmel abspielten.

Heute wissen wir, dass die Sonne und nicht die Erde im Zentrum unseres Sonnensystems steht. Die moderne Astronomie kann das Phänomen der Planetenschleife erklären, da der Kosmos nun korrekt in drei Dimensionen wahrgenommen wird. Wir wissen nun, dass es sich bei dieser scheinbaren Rückwärtsbewegung lediglich um eine optische Täuschung handelt, die durch die relative Position der Planeten auf ihren Umlaufbahnen hervorgerufen wird.

DIE STERNBILDER DES PTOLEMÄUS

Claudius Ptolemäus war jener Astronom der Antike, dem zahlreiche Sternbilder ihren Namen verdanken. Ptolemäus lebte im zweiten Jahrhundert in der ägyptischen Stadt Alexandria und war auf zahlreichen Gebieten gelehrt, darunter Astronomie, Mathematik, Geografie und sogar Astrologie. Sein Almagest, eine umfangreiche Darstellung seiner Beobachtungen der Himmelskugel, beinhaltet ein Verzeichnis der Sterne und ihrer Konstellationen.

Die Arbeit des griechisch-ägyptischen Ptolemäus war von klassischen Interpretationen des Nachthimmels geprägt – ein Grund dafür, dass so viele Sternbilder lateinische oder griechische Namen tragen. Außerdem ließ er sich von der Frühgeschichte der Astronomie beeinflussen, die ihre Wurzeln im alten Mesopotamien hatte. Ptolemäus' Sternbilder-System besteht zum Teil aus alten mesopotamischen sowie antiken griechischen und römischen Sternbildern und einigen neu kategorisierten Konstellationen. Diejenigen Sternbilder, die seit babylonischen Zeiten auf eine bestimmte Art und Weise dargestellt worden waren, bekamen nun Namen und Geschichten aus der griechischen Mythologie, die von Ptolemäus und seinen Zeitgenossen hochgeschätzt wurden.

Als maßgebliches Werk zu den Sternbildern galt der Almagest bis ins 18. Jahrhundert – jener Zeit, in der europäische Astronomen damit begannen, Ptolemäus' Sternendarstellungen zu ergänzen und teilweise abzuändern. Trotz zahlreicher Eingriffe verschiedener Astronomen dieser Zeit wurde Ptolemäus' System nahezu intakt überliefert. Die 48 Sternbilder, die er beschrieb, sind heute Teil eines international anerkannten Systems von insgesamt 88 Konstellationen.

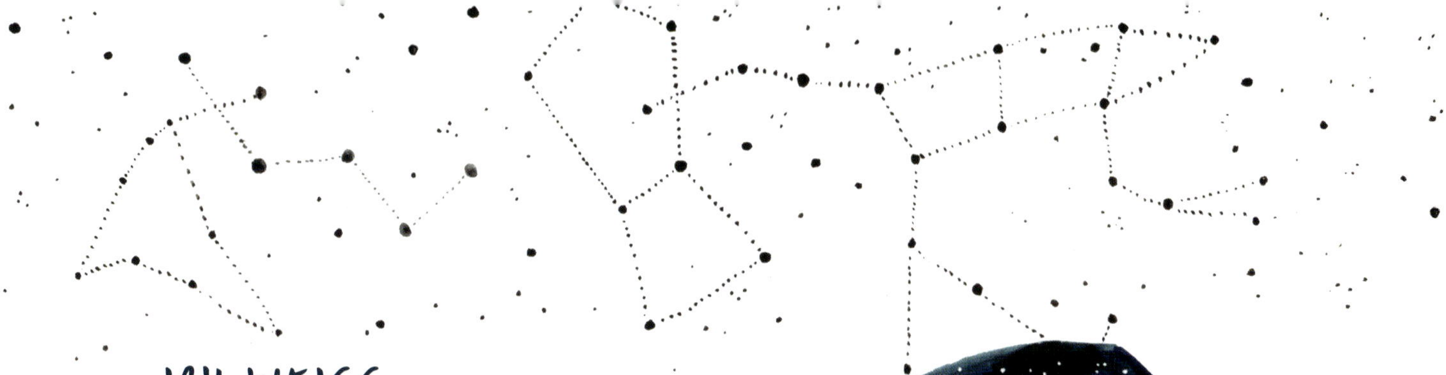

„ICH WEISS,
ICH BIN STERBLICH,
FÜR EINEN TAG
GEBOREN, JEDOCH
WENN ICH DIE DICHTEN
SPIRALUMLÄUFE
DER STERNE
VERFOLGE, BERÜHRT
MEIN FUSS
NICHT LÄNGER
DIE ERDE […]."

CLAUDIUS
PTOLEMÄUS

DIE ANDROMEDA

Die Prinzessin **Andromeda** erscheint als Nebendarstellerin in den Geschichten von vielen benachbarten Konstellationen. Ihre Mutter, **Königin Kassiopeia**, prahlte mit ihr und zog dabei den Zorn der Götter auf sich. Ihr Vater, **König Kepheus**, bot sie dem Seeungeheuer **Cetus** als Opfergabe dar. Gerade noch rechtzeitig konnte der Held **Perseus** sie vor dem Ungeheuer retten und nahm sie daraufhin zur Frau. In bebilderten Sternenkarten wird Andromeda oft an jenen Felsen geschmiedet dargestellt, an dem ihr Vater sie opfern wollte. Andromeda bewies, dass sie gar nicht so zerbrechlich war, wie manchmal angenommen – sie überlebte und wurde später zur Königin und Mutter von neun Kindern.

Dieses Sternbild enthält die **Andromedagalaxie**, die unserer eigenen Galaxie am nächsten liegt. Sie ist weiter von der Erde entfernt als jedes mit bloßem Auge sichtbare Objekt am Nachthimmel und lässt sich nur bei optimalen Sichtverhältnissen beobachten. Die Andromedagalaxie ist etwa doppelt so breit wie unsere **Milchstraße**. Wissenschaftler vermuten, dass die beiden Galaxien im Laufe der nächsten Jahrmilliarden kollidieren und sich zu einer Super-Galaxie zusammenschließen werden.

DER WASSERMANN (Aquarius)

HELLSTER STERN

Beta Aquarii

Eigenname Sadalsuud

Der **Wassermann**, eines der zwölf Sternbilder des **Zodiak**, die um die Ekliptik angeordnet sind, wird mit dem gleichnamigen Tierkreiszeichen assoziiert. Er ist die zehntgrößte Sternenkonstellation, besteht jedoch hauptsächlich aus relativ dunklen Sternen. Abbildungen des Wassermanns zeigen ihn meist mit einer Vase oder einem großen Gefäß, aus dem Wasser auf das Sternbild des Südlichen Fisches hinabfließt.

Dieses Sternbild liegt an einer Stelle des Himmels, die als das „**Meer**" bezeichnet wird, da sich dort zahlreiche mit Wasser assoziierte Konstellationen befinden, darunter der **Steinbock** (auch Ziegenfisch genannt), der **Walfisch**, der **Delphin** und die **Fische**. Der Name des hellsten Sterns, **Sadalsuud**, stammt aus dem Arabischen und bedeutet „Glück des Glückes"

DER ADLER (Aquila)

Adler begegnen uns in der griechischen Mythologie häufig, und mit diesem Sternbild werden zahlreiche Legenden assoziiert. In einer verwandelt **Hera**, die Ehefrau des **Zeus**, einen unglücklichen Witwer in einen Adler und platziert ihn am Sternenhimmel, um ihn sein Leid vergessen zu lassen. In einer anderen verwandelt Zeus sich selbst in einen Adler, um **Ganymed** (die Namensgeberin von einem der Jupitermonde) zu überlisten und zu entführen. Obwohl sich schon seit Ptolemäus' Zeiten viele griechische Mythen um den Adler ranken, gab es bereits Jahrhunderte zuvor in babylonischen Sternenübersichten Erwähnungen eines Adler-Sternbildes. Die vogelähnliche Gestalt der Konstellation ist mit etwas Fantasie gut erkennbar, und kaum einem anderen Vogel gebührt ein Ehrenplatz unter den Sternen mehr als dem majestätischen Adler.

Der hellste Stern der Konstellation, **Altair**, abgeleitet aus dem arabischen Wort für Adler, liegt lediglich 17 Lichtjahre von der Erde entfernt und ist somit einer der uns am nächsten gelegenen hellen Sterne.

DER ALTAR (Ara)

Auch der Altar ist ein beliebtes Symbol der griechischen Mythologie. In einer Geschichte, die oft mit dieser Konstellation in Verbindung gebracht wird, versammeln sich die Götter um einen Altar, um sich gegenseitig die Treue zu schwören, bevor sie sich in den Kampf mit den **Titanen** begeben. Nach dieser Zusammenkunft besiegen **Zeus**, **Hestia**, **Demeter**, **Hera**, **Hades** und **Poseidon** die Titanen und machen sich das Universum untertan. Altare spielten also in Göttergeschichten schon eine Rolle, bevor sie zum Ort für Opfergaben auserkoren wurden.

Der Altar ist eines der kleineren Sternbilder; mit seiner Größe liegt er unter den 88 auf Platz 63. Er befindet sich in der Nähe der **Milchstraße** – in einigen Darstellungen repräsentiert deren Leuchten den Nebel, der von einer Gabe auf dem Altar aufsteigt. Das Sternbild enthält den **Roten Überriesen Westerlund** 1-26, einer der größten derzeit bekannten Sterne des Universums.

DAS SCHIFF ARGO (Argo Navis)

Dieses Sternbild wurde nach dem Schiff benannt, mit dem **Jason und die Argonauten** in der griechischen Sage segelten. Es ist das einzige der ptolemäischen Sternbilder, das heute nicht mehr seine ursprüngliche Form aufweist. Seine Verteilung am Himmel war ausgedehnt und unübersichtlich, sodass es von modernen Astronomen in drei Teilkonstellationen aufgeteilt wurde: der Kiel des Schiffes, das (oder die) Segel des Schiffes und das Achterdeck des Schiffes.

Der Name des hellsten Sterns im Kiel des Schiffes, **Canopus**, stammt wahrscheinlich von einem Segler aus einer anderen griechischen Legende. Der hellste Stern des Achterdecks, **Naos**, leitet sich aus dem altgriechischen Wort für „Schiff" ab.

DER WIDDER (Aries)

Der **Widder** zählt zu den zwölf Konstellationen des **Zodiak** – wie kennen ihn auch als gleichnamiges Tierkreiszeichen. Im System des Ptolemäus wird er als Schafbock dargestellt und die antike ägyptische Astronomie assoziierte ihn mit einem widderköpfigen Gott. Ptolemäus waren diese Darstellungen wahrscheinlich vertraut, doch der Widder steht auch mit jenem Wesen der griechischen Mythologie in Verbindung, dessen Goldenes Vlies **Jason und die Argonauten** einzuholen versuchten.

Das Sternbild des Widders enthält eine Reihe ferner Galaxien, von denen einige so nah beieinander liegen, dass ihre Gravitationsfelder miteinander zu kollidieren beginnen (so wie auch unsere **Milchstraße** eines Tages mit ihrer Nachbargalaxie Andromeda kollidieren könnte).

Der Name des hellsten Sterns der Konstellation, **Hamal**, ist arabischen Ursprungs und bedeutet „Widder.".

DER FUHRMANN (Auriga)

Das Wort **Auriga** ist lateinischen Ursprungs und bedeutet „Wagenlenker“ oder „Steuermann“. Diese Konstellation wird gewöhnlich als Wagenlenker oder als spitzer Helm eines Wagenlenkers dargestellt. Die babylonische Astronomie stellte dieses Sternbild als Schäferstock dar – viele Abbildungen zeigen den Fuhrmann mit einer Ziege auf den Schultern oder im Arm.

Der Name des hellsten Sterns, **Capella**, stammt aus dem Lateinischen und bedeutet „Zicklein“. Obwohl Capella wie ein einzelner heller Stern erscheint – von der Erde aus betrachtet ist er eines der hellsten Objekte am Nachthimmel – handelt es sich tatsächlich um ein **Sternensystem** aus **zwei Doppelsternen**.

DER BÄRENHÜTER (Boötes)

Das Sternbild des Bärenhüters ist durch die auffällige Drachenform seines Asterismus gut zu erkennen. Der Name stammt aus dem Griechischen und bedeutet so viel wie „der mit Stieren pflügt" – der Hüter wird oft mit einem Schäferstock in der einen und einer Sense in der anderen Hand dargestellt. In manchen Darstellungen hält er zudem die Jagdhunde des benachbarten Sternbildes an der Leine.

Der hellste Stern des Bärenhüters, Arktur, ist einer der hellsten Sterne am Nachthimmel. Der Name stammt aus dem Griechischen und bedeutet „Bärenhüter". Der Bärenhüter liegt in der Nähe des Großen Bären und viele Darstellungen zeigen ihn beim Hüten einer Horde Bären, bei der Bärenjagd oder beim Schützen einer Schafherde vor Bären.

DER KREBS (Cancer)

Der **Krebs** ist eine der zwölf Konstellationen des Zodiak und wird auch mit dem gleichnamigen Tierkreiszeichen in Verbindung gebracht. Der Name stammt aus dem Lateinischen. Verglichen mit anderen Sternengruppierungen ist dieses Sternbild nicht sehr hell – der Krebs ist unter den Sternbildern des **Zodiak** jenes mit der geringsten Leuchtkraft. Dennoch bekam es schon im Altertum einen Namen und eine Geschichte, wahrscheinlich, um die Lücke entlang der Ekliptik zwischen seinen beiden helleren Nachbarn, **Zwillinge** und **Löwe**, zu schließen.

Im Krebs befindet sich einer der größten **offenen Sternhaufen** unseres Sonnensystems: **Messier 44**, auch „die himmlische **Futterkrippe**" genannt. Dieser Sternhaufen ist bei guten Witterungsbedingungen von der Erde aus freiäugig als Nebelfleck sichtbar, war also schon den Astronomen des Altertums bekannt. Im 17. Jahrhundert beobachtete **Galileo Galilei** den Sternhaufen mit einem Teleskop und konnte darin 40 einzelne Sterne identifizieren. Heute wissen wir, dass Messier 44 tatsächlich über tausend Sterne enthält.

Der Name des hellsten Sterns im Krebs, **Altarf**, stammt aus dem Arabischen und bedeutet so viel wie „Ende" oder „Kante".

DER GROSSE HUND (Canis Major)

Der Große Hund befindet sich südöstlich vom Sternbild des **Orion** und scheint diesem auf seiner Reise über den Himmel zu folgen, weshalb er oft als Orions Jagdbegleiter dargestellt wird. Manche Darstellungen deuten das Sternbild auch als **Laelaps**, einen der Jagdhunde des Aktaion.

Sirius, der hellste Stern dieser Konstellation, ist zugleich der hellste Stern an unserem Nachthimmel – er ist fast doppelt so hell wie der zweithellste Stern. Der Name stammt aus dem Altgriechischen und bedeutet so viel wie „sengend" oder „gleißend". Im Altertum half dieser Stern bei der Navigation und der Erstellung von Kalendern. Tatsächlich handelt es sich um ein **Doppelsternsystem**, das unser Auge als einen Stern wahrnimmt. Das leuchtstarke System liegt relativ nah an der Erde, was seine Helligkeitswirkung noch verstärkt. Sirius wird auch der „Hundsstern" genannt und geht an den heißesten Tagen des Sommers etwa zeitgleich mit der Sonne auf.

DER KLEINE HUND (Canis Minor)

Wie der benachbarte Große Hund wird auch der **Kleine Hund** oft als ein Jagdgefährte Orions dargestellt. Manchmal wird ihm die Rolle des Fuchses in der Laelaps-Legende zugeschrieben: Der Hund **Laelaps**, am Himmel durch den Großen Hund repräsentiert, konnte jede Beute fangen, und der Teumessische Fuchs, am Himmel durch den Kleinen Hund repräsentiert, konnte nie gefangen werden. Der Hund begann, den Fuchs zu jagen, und das Paradoxon war geboren. Als **Zeus** dies bemerkte, beendete er das Spiel, indem er beide Tiere am Himmel platzierte.

Ähnlich wie der große Hund enthält auch das Sternbild des kleinen Hundes einen hellen Stern: **Prokyon** ist der achthellste Stern in unserem Nachthimmel. Im Gegensatz zu **Sirius** hat er jedoch keine hohe Leuchtkraft, sondern erscheint nur hell, weil er sich relativ nah an unserem Sonnensystem befindet. Der Name leitet sich aus dem Altgriechischen ab und bedeutet etwa „vor dem Hund“, da Prokyon kurz vor dem sogenannten Hundsstern Sirius auf- und abgeht.

DER STEINBOCK (Capricornus)

Der **Steinbock** gehört zu den Sternbildern des Zodiak und ist eines der Tierkreiszeichen. Er wird in der Mythologie oft als „**Ziegenfisch**“ dargestellt – mit dem Kopf einer **Ziege** und einem Fischschwanz. Der Steinbock wird oft mit Pan, dem gehörnten Gott der Schäfer und ihrer Herden, in Verbindung gebracht. Die Wurzeln des Sternbilds liegen in der Geschichte jedoch noch weiter zurück – schon die Sumerer kannten den „Ziegenfisch“.

Der Steinbock liegt an einer Stelle des Himmels, die als das „Meer“ bezeichnet wird, da sich dort zahlreiche mit Wasser assoziierte Konstellationen befinden, darunter der benachbarte Wassermann und der Südliche Fisch.

Der Name des hellsten Sterns, **Deneb Algedi**, stammt aus dem Arabischen und bedeutet „Schwanz des Ziegenböckchens“.

DIE KASSIOPEIA

Die **Kassiopeia** ist eines der auffälligsten und hellsten Sternbilder im Nachthimmel und erscheint je nach Ausgangspunkt der Beobachtung in Form eines W oder M. In der griechischen Mythologie regierte Königin Kassiopeia neben **König Kepheus**. Die Eitelkeit Kassiopeias wurde ihrer Tochter beinah zum tödlichen Verhängnis.

Der Legende nach behauptete Kassiopeia, sie und ihre Tochter seien noch schöner als die Nereiden. Zur Rache sandte **Poseidon** das Seeungeheuer **Cetus** aus, das Königreich Kassiopeias zu zerstören. Kassiopeia wurde danach zur Strafe so im Himmel platziert, dass sie die Hälfte des Jahres auf dem Kopf steht.

Der Name des hellsten Sterns in der Kassiopeia, **Schedir**, stammt aus dem Arabischen und bedeutet „Brust"; er wird oft an der Brust der Königin liegend dargestellt.

DER ZENTAUR (Centaurus)

Der **Zentaur** ist in der griechischen Mythologie ein Wesen mit dem Körper eines Pferdes und dem Kopf eines Menschen. Am Nachthimmel gibt es zwei dieser Pferdemenschen: den **Schützen** und den **Zentaur**. Dieses Sternbild repräsentiert der Legende nach den weisen Zentaur **Cheiron**, der zahlreiche griechische Götter unterwies.

Der hellste Stern des Zentaur ist einer der hellsten des Himmels – tatsächlich handelt es sich um ein Doppelsternsystem bestehend aus **Alpha Centauri A** und **Alpha Centauri B** sowie dem **Roten Zwerg Proxima Centauri. Alpha Centauri** ist das Sternensystem, das uns am nächsten ist – **Proxima Centauri** liegt lediglich vier Lichtjahre von der Erde entfernt.

DER KEPHEUS

HELLSTER STERN

Alpha Cephei

Eigenname Alderamin

In der griechischen Mythologie war **Kepheus** der Ehemann von **Kassiopeia** und Vater von **Andromeda**. Als Kassiopeia den Zorn des Meeresgottes **Poseidon** auf sich zog, indem sie von ihrer eigenen Schönheit und der ihrer Tochter prahlte, konsultierte Kepheus aus Angst um sein Königtum ein **Orakel**. Das Orakel ließ ihn seine Tochter an einen Felsen ketten, und wenn Perseus sie nicht in letzter Minute gerettet hätte, wäre Andromeda vom Seeungeheuer **Cetus** verschlungen worden. Obwohl einige Geschichten davon erzählen, dass Kepheus die Götter angefleht habe, Andromeda zu retten, stellt die Legende ihn wenig schmeichelhaft dar – dennoch ist es ihm gelungen, sich einen beständigen Platz am Sternenhimmel zu sichern.

Das Sternbild Kepheus enthält einige der größten Sterne des Universums und das größte derzeit bekannte schwarze Loch.

DER WALFISCH (Cetus)

Der **Walfisch** ist die viertgrößte Sternenkonstellation am Himmel. Der Name „**Cetus**" stammt aus dem Lateinischen und bedeutet „großer Fisch" oder „Meeresungeheuer". (Cetacea ist zudem der wissenschaftliche Name für die Säugetierklasse der Wale und Delphine.) In der Neuzeit wurde Cetus auch „der Wal" genannt, doch altertümliche Darstellungen des Sternbildes bezogen sich meist auf das Seeungeheuer aus der Legende von **Perseus** und **Andromeda**. Es wurde ausgesandt, das Königreich **Kassiopeias** zu zerstören, und hätte Andromeda beinah getötet, bevor er von Perseus daran gehindert wurde. Cetus liegt ebenfalls im „Meer", jener Stelle des Nachthimmels, an der sich zahlreiche mit Wasser assoziierte Konstellationen befinden, darunter der **Wassermann**, der **Delphin** und der Fluss **Eridanus**.

Der Name des hellsten Sterns, Deneb Kaitos, stammt aus dem Arabischen und bedeutet „Schwanz des Ungeheuers". Der Stern wird manchmal auch Diphda (Frosch) genannt.

DIE SÜDLICHE KRONE (Corona Australis)

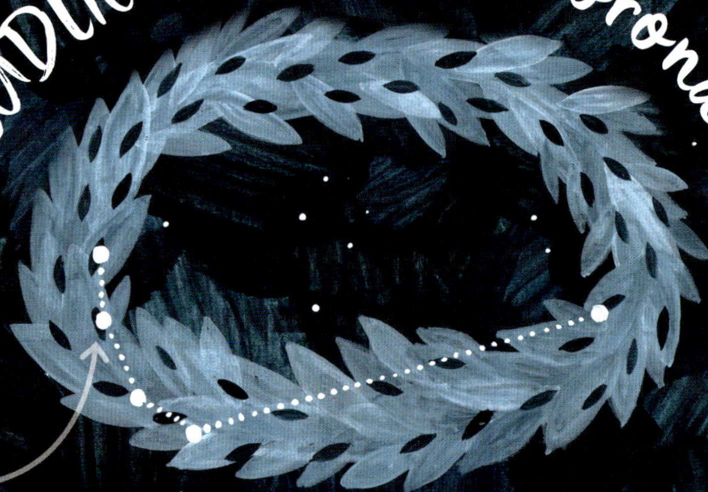

HELLSTER STERN

Alpha Coronae Australis

Eigenname Alphecca Meridiana

Obwohl das lateinische Wort corona „Krone“ bedeutet, wird die Südliche Krone in älteren Sternenübersichten oft als Lorbeerkranz dargestellt. Kränze dieser Art wurden im antiken Griechenland als Auszeichnungen bei sportlichen Wettbewerben verliehen und tauchen in der griechischen Mythologie häufig auf. **Corona Australis** wird manchmal auch als jener Lorbeerkranz beschrieben, der dem Schützen (der Konstellation, die nördlich der Südlichen Krone gelegen ist) vom Haupt fiel. Das Wort austral stammt aus dem Lateinischen und bedeutet „südlich“.

Der hellste Stern der Konstellation, **Alphecca Meridiana**, ist nach dem hellsten Stern in der Nördlichen Krone benannt.

DIE NÖRDLICHE KRONE (Corona Borealis)

Die griechische Mythologie ist voller Könige und Königinnen – die Nördliche Krone wird manchmal als jene Krone angesehen, die **Hephaistos**, Gott des Feuers und der Metallkünstler, für Prinzessin **Ariadne** anlässlich ihrer Heirat mit **Dionysos** anfertigte. Doch das Sternbild kann auch als Darstellung einer der vielen anderen Kronen gesehen werden, die in griechischen Legenden vorkommen.

Der Name des hellsten Sterns, **Alphecca**, stammt aus dem Arabischen und bedeutet so viel wie „zersplittert“ – eine Anspielung auf die Oberseite des Sternenrings, die wie zerbrochen wirkt. Der lateinische Eigenname des Sterns lautet **Gemma** („Edelstein“).

Der Becher (Crater)

Der Becher ist ein relativ dunkles Sternbild im südlichen Himmel – es repräsentiert den Becher der griechischen Legende, in der auch die benachbarten Sternbilder Rabe und Wasserschlange vorkommen.

Der Legende nach beauftragte der griechische Gott **Apollo** einen Raben, ihm aus einer Quelle Wasser zu bringen. Er sandte den Vogel mit einem Becher aus, doch der Rabe ließ sich durch einen Feigenbaum ablenken und wartete mehrere Tage das Reifen der Früchte ab, bevor er endlich den Becher füllte und zu dem mittlerweile zornigen Apollo brachte.

Der Rabe versuchte, die Schuld auf die Wasserschlange zu schieben, die in der Quelle lebte. Apollo glaubte ihm jedoch nicht und schleuderte in seiner Wut den Raben, den Becher und die Schlage hoch in den Himmel, wo sie zu den jeweiligen Sternbildern wurden.

DER RABE (Corvus)

Der an den Becher angrenzende Rabe ist ein dunkles und relativ kleines Sternbild. Die Konstellation wird hauptsächlich mit der **Apollo**-Legende um den Becher in Verbindung gebracht. Zusätzlich zu der ihm von Apollo auferlegten Strafe – für immer als Sternbild im Himmel gefangen zu sein – bekam der Rabe der Legende nach noch eine Reihe anderer Strafen von den Göttern auferlegt, darunter einen Fluch, der seine rabenschwarze Farbe zur Folge hatte, und die Positionierung eines Wasserbechers, dem benachbarten Sternbild, der sich knapp außerhalb der Reichweite des Raben befindet. In der griechischen Legende steht der Ruf der Krähen symbolisch für den ungestillten Durst des Vogels. **Corvus** ist außerdem die wissenschaftliche Bezeichnung für die Gattung der Raben und Krähen.

Der Eigenname des hellsten Sterns, **Gienah Gurab**, stammt aus dem Arabischen und bedeutet „Flügel des Rabens".

DER SCHWAN (Cygnus)

Der Schwan ist durch den kreuzförmigen Asterismus, der den Körper und die Flügel formt, gut zu erkennen. Diese Konstellation wird auch Kreuz des Nordens genannt und von der Milchstraße durchzogen.

Den Schwan umranken zahlreiche griechische Legenden – in den meisten von ihnen handeln Menschen, die sich als Schwäne verkleiden oder die von den Göttern in Schwäne verwandelt wurden.

Der Sternenname **Deneb** stammt aus dem Arabischen und bedeutet „Schwanz" – in den meisten Darstellungen liegt Deneb im Schwanenschwanz. Gemeinsam mit Altair, dem hellsten Stern im Adler, sowie **Wega**, dem hellsten Stern der **Leier**, bildet Deneb das Sommerdreieck, einen markanten Asterismus, der alle drei Konstellationen verbindet und auf der Nordhalbkugel am sommerlichen Nachthimmel gut erkennbar ist.

DER DELPHIN (Delphinus)

Delphine waren im antiken Griechenland besonders jenen Menschen, die am oder auf dem Wasser arbeiteten, gut bekannt. Die Meeresbewohner symbolisieren Hilfsbereitschaft und Großzügigkeit und werden in der Mythologie oft bei selbstlosen Taten dargestellt, wie dem Retten von Menschen aus einer misslichen Situation. In einigen Legenden bedienen sich jedoch auch die Götter dieser Geschöpfe, um nichts ahnende Menschen zu bestimmten Handlungen zu verleiten. Der Delphin wird manchmal als Bote des griechischen Meeresgottes **Poseidon** dargestellt.

Bei den meisten Sternbildern sind die hellsten Sterne nach antiken Namen und Legenden benannt, doch der Name des hellsten Sterns im Delphin, **Rotanev**, hat eine jüngere Geschichte. **Niccolo Cacciatore**, ein Astronom des 19. Jahrhunderts, benannte ihn nach sich selbst, wenn auch in nicht ganz offensichtlich. Cacciatores italienischer Nachname bedeutet „Jäger", latinisiert venator – rückwärts gelesen ergibt das Wort den Namen **Rotanev**. Tatsächlich handelt es sich bei Rotanev um ein Doppelsternsystem aus einem Riesenstern und einem Unterriesen.

DER DRACHE (Draco)

Das Sternbild des Drachens windet sich um den Polarstern und den Großen Bären. Es wird oft mit dem Drachen aus der griechischen Mythologie in Verbindung gebracht, den **Herakles** als Teil seiner zwölf Arbeiten tötete. Der Eigenname des hellsten Sterns, **Eltamin**, stammt aus dem Arabischen und bedeutet „Drachen" oder „Schlange".

Der Stern **Thuban** im Drachen war einst der Polarstern – jener helle Stern, der durch seine Ausrichtung an der Erdachse fest über dem Nordpol zu stehen scheint. Heute weiß man jedoch, dass sich die Erdachse langsam bewegt und heute anders steht als noch vor einigen Jahrtausenden. Der heutige Polarstern ist Polaris im Großen Bären, doch durch die andauernde Präzession der Erdachse wird Thuban in etwa 20.000 Jahren erneut der Polarstern sein.

DAS FÜLLEN (Equuleus)

Das unscheinbare Sternbild des Füllens ist die zweitkleinste Konstellation am Nachthimmel. Der Legende nach erdachte **Ptolemäus** dieses Sternbild, als er den Himmel für seinen **Almagest** mit Sternbildern kartierte, um die Lücke zwischen den Konstellationen zu füllen. Da die Wurzeln des Füllens nicht so altertümlich sind wie jene anderer Sternbilder, ist diese Konstellation mit keiner bestimmten Legende verbunden – Pferde waren jedoch in Ptolemäus' Zeit zweifellos ein wichtiger Teil des Handels und der Kultur.

Das benachbarte Sternbild des **Pegasus** überschattet das Füllen in Größe und Strahlkraft mit seinem riesigen Körper und den überdimensionalen, gefiederten Flügeln. Das Füllen wird in bebilderten Sternenkarten oft als kleiner Pferdekopf ohne Körper dargestellt. Der Eigenname seines hellsten Sterns, **Kitalpha**, stammt aus dem Arabischen und bedeutet „Teil des Pferds".

DER FLUSS Eridanus

Eridanus ist das sechstgrößte Sternbild am Himmel. Seine Sterne formen einen langen, geschwungenen Pfad, der meist als Fluss dargestellt wird. Eridanus wird manchmal als einer der Flüsse des **Hades** aus der griechischen Mythologie interpretiert, und außerdem mit einigen echten Flüssen assoziiert, darunter dem Nil und dem Po. Die Wurzeln der Verbindung dieses Sternbilds mit dem Wasser dürften bis in das babylonische Zeitalter zurückreichen.

Die Konstellation enthält einen riesigen **Supervoid**, einen mysteriösen Raum am Himmel, der auch als „kalte Stelle" bezeichnet wird. Trotz ihres Namens sind Supervoids nicht komplett leer, weisen aber eine deutlich geringere Dichte als das sie umgebende Universum auf.

Der Name des hellsten Sterns im Eridanus, **Achernar**, bedeutet auf Arabisch „das Ende des Flusses".

DIE ZWILLINGE (Gemini)

Die Zwillinge sind eines der zwölf Sternbilder des **Zodiak** und eines der zwölf Tierkreiszeichen. Das Sternbild symbolisiert meist die mythologischen Zwillinge **Kastor** und **Polydeukes** (lat. Pollux), nach denen auch die zwei hellsten Sterne der Konstellation benannt sind. Der griechischen Legende nach waren sie die Zwillingssöhne des **Zeus** und Brüder der **Helena von Troja**. Die Brüder werden oft Hand in Hand oder Arm in Arm dargestellt.

In den Zwillingen befinden sich die **Geminiden**, einer der aktivsten Meteorströme, der jährlich im Dezember seinen Höhepunkt erreicht, wenn die Erde die Staubwolke des Asteroiden **3200 Phaethon** durchquert. Auf dem Höhepunkt der Geminiden-Aktivität lassen sich pro Stunde über hundert Sternschnuppen beobachten.

DER HERKULES (Hercules)

Der **Herkules** ist das fünftgrößte Sternbild am Himmel und verdankt seinen Namen dem wohl bekanntesten Helden der griechischen Mythologie. Herakles, auch Herkules genannt, war einer der vielen Söhne des **Zeus** und halb Mensch, halb Gott. Zahlreiche Legenden erzählen von seinen heroischen Errungenschaften und Reisen, darunter seine sogenannten zwölf Arbeiten, in denen viele Kreaturen vorkommen, nach denen Sternbilder benannt wurden. Eine davon ist **Hydra**, die riesige Wasserschlange, die er in seiner zweiten Arbeit vernichtet. Eine weitere ist der Riesendrache, den Herkules bezwingen muss, um an die goldenen Äpfel im Garten der **Hesperiden** zu gelangen.

Der Name des hellsten Sterns, **Kornephoros**, kommt aus dem Griechischen und bedeutet „Keulenträger“ – Darstellungen des Herkules zeigen ihn meist mit einer Keule in der Hand.

DIE WASSERSCHLANGE (Hydra)

Die Wasserschlange ist das größte Sternbild an unserem Nachthimmel. Sie spielt dazu eine Nebenrolle in den Geschichten zweier anderer Konstellationen. In der Geschichte vom Raben und Becher ist sie jene Kreatur, die der Vogel für sein verspätetes Bringen des Wassers verantwortlich machen will, um Apollo zu überlisten. In der Geschichte der zwölf Arbeiten des **Herakles** ist **Hydra** das giftige, neunköpfige Monster, das der Held in seiner zweiten Arbeit erlegt.

Der Name des hellsten Sterns der Hydra, **Alphard**, stammt aus dem Arabischen und bedeutet „der Alleinstehende“ – in seiner Nähe befinden sich keine anderen auffällig hellen Sterne.

DER LÖWE (leo)

Als eine der zwölf Konstellationen des **Zodiak** ist auch der Löwe eines der Tierkreiszeichen. Er wird mit zwei Legenden in Verbindung gebracht: In einer ist er der **Nemeische** Löwe, den Herkules in seiner ersten Arbeit tötet, um Eurystheus das Löwenfell zu bringen. In der Sage von **Pyramus** und **Thisbe** war der Löwe selbst der Jäger, dessen blutiges Maul **Pyramus** glauben lässt, er hätte seine Geliebte Thisbe getötet.

Das Sternbild des Löwen enthält viele helle Sterne und den Radianten der **Leoniden**, einen der aktivsten jährlich auftretenden Meteorströme. Der lateinische Name **Regulus** bedeutet „der Prinz“.

HELLSTER STERN

Alpha Leonis

Eigenname Regulus

DER HASE (Lepus)

Der Hase ist ein mittelgroßes Sternbild, das sich am Himmel in der Nähe des Orions befindet. Er wird oft als von Orion und seinem Großen Hund gejagt dargestellt. Der Name des Sternbildes stammt wahrscheinlich aus der Legende über den Boten des griechischen Gottes **Hermes**, der den Hasen am Himmel platziert haben soll, um dessen Schnelligkeit und Wendigkeit zu rühmen. Manchmal wird der Hase auch als vor dem Raben flüchtend dargestellt, da er unter dem Horizont verschwindet, wenn der Rabe aufgeht.

Der hellste Stern der Konstellation ist **Arneb**, benannt nach dem arabischen Wort für „Hase". Dieser Stern befindet sich im Endstadium seines Lebens und steht somit vor einer Supernova. Der Hase beherbergt außerdem den massiven Kugelsternhaufen **Messier 79**.

DIE WAAGE (libra)

Die Waage ist ein unauffälliges, mittelgroßes Sternbild und eines der zwölf Tierkreiszeichen. Neben der Darstellung als Balkenwaage wurde sie auch als Scheren des Skorpions gedeutet und im Altertum **Chelai** („die Klauen") genannt. Die Wurzeln der Beschreibung dieses Sternbildes gehen bis in babylonische Zeiten zurück.

Einer der Sterne der Waage, der **Rote Zwerg Gliese 581**, wird als planetarer Begleiter eines Exoplaneten angesehen, der sich möglicherweise in einer bewohnbaren Zone des Sonnensystems befindet. Der Name des hellsten Sterns der Waage, **Zubeneschamali**, stammt aus dem Arabischen und bedeutet „die nördliche Klaue" – ein Verweis auf die Deutung der Waage als Teil des Skorpions.

DER WOLF (Lupus)

Der Wolf ist ein mittelgroßes Sternbild des Südhimmels und hat seine frühesten Wurzeln wahrscheinlich in babylonischen Zeiten – damals wurde er als mysteriöse, fleischfressende Bestie gedeutet. Bei den alten Griechen war **Lupus** ein Tier, das vom nahegelegenen **Zentaur** gejagt oder ihm geopfert wurde (der Zentaur wird manchmal einen aufgespießten Wolf tragend dargestellt). Die Deutung als Wolf erfolgte erst mit einer Übersetzung des **Almagest** in der Renaissance, doch heute wird das Sternbild fast ausschließlich als Wolf dargestellt.

Der hellste Stern, **Alpha Lupi**, ist einer unserem Sonnensystem am nächsten gelegenen Sterne, der sich im Endstadium seines Lebens befindet und Vorhersagen nach vor einer Supernova steht.

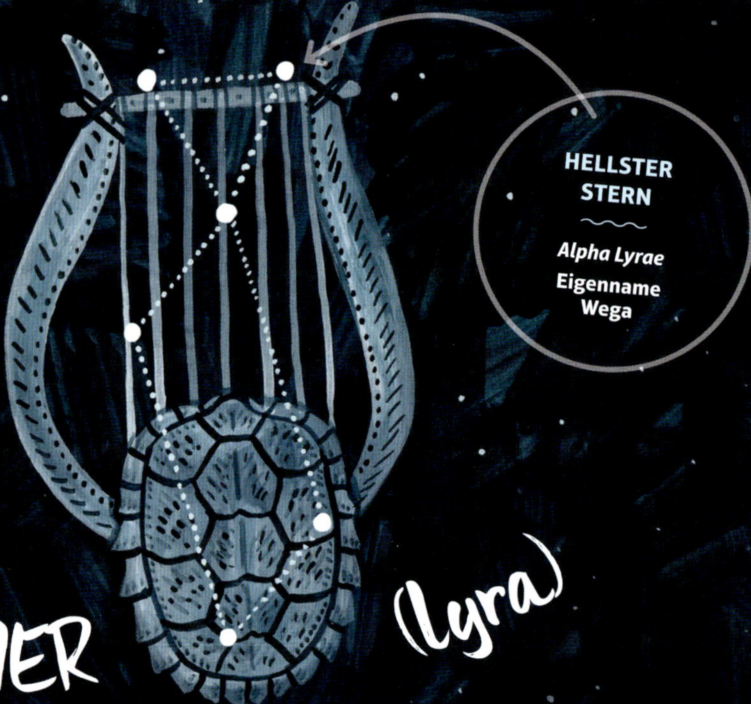

DIE LEIER (Lyra)

Die Leier war ein bei den alten Griechen beliebtes Saiteninstrument. Dieses Sternbild wird oft mit der ersten Leier in Verbindung gebracht, die der Gott **Hermes** aus einem Schildkrötenpanzer herstellte. Der Name des hellsten Sterns, **Wega**, leitet sich aus dem arabischen Ausdruck für „herabstoßend[er Adler]“ ab – in altertümlichen Darstellungen wurden die Sterne der Leier auch als Vogel gedeutet.

Neben der Wega, dem fünfthellsten Stern an unserem Nachthimmel, enthält die Leier auch den Vierfachstern **Epsilon Lyrae**. Freiäugig betrachtet erscheint Epsilon Lyrae als Einzelstern, während mit dem Fernglas ein Doppelstern aus zwei sich umkreisenden Komponenten sichtbar wird. Unter zusätzlicher Vergrößerung teilen diese sich weiter in zwei Doppelsternpaare auf. Die Sterne jedes dieser Paare umkreisen sich, und auch die beiden Sternpaare umkreisen einander.

DER SCHLANGEN-TRÄGER (Ophiuchus)

Der Schlangenträger wird gewöhnlich mit einer Schlange über der Schulter oder um seinen Körper gewickelt gezeigt. Während er in einigen Darstellungen mit der Schlange ringen soll, entlockt er ihr in anderen Geheimnisse der Heilkunst.

Ein kleiner Teil dieses Sternbildes streift die **Ekliptik**, weshalb er gelegentlich von Astronomen als 13. Sternbild des **Zodiak** gedeutet wurde. Westlich und östlich grenzt der Schlangenträger an die beiden Hälften des Sternbildes der Schlange, die er halten soll.

Der Name des hellsten Sterns, **Rasalhague**, stammt aus dem Arabischen und bedeutet „Kopf des Schlangenträgers".

DER ORION

Dank seiner Größe und relativen Helligkeit ist der Orion eines der markantesten Sternbilder am Nachthimmel. Die Konstellation ist nach einem Jäger der griechischen Mythologie benannt – dem Sohn des Meeresgottes **Poseidon**. Die an **Orion** angrenzenden Sternbilder, der **Große Hund** und der **Kleine Hund**, werden oft als seine Jagdgefährten dargestellt. Gemeinsam jagt das Trio den Hasen über den Nachthimmel.

Direkt unterhalb von Orions Gürtel, also unter den drei Sternen, die dem sanduhrförmigen Körper des Orion seine Taille verleihen, befindet sich der **Orionnebel.** Dieser Nebel ist einer der hellsten an unserem Nachthimmel und lässt sich selbst bei großer Lichtverschmutzung ohne Teleskop beobachten. Der Orionnebel, auch **Messier 42** genannt, ist eines der am besten erforschten Himmelsobjekte und ein bevorzugtes Untersuchungsobjekt für die Astronomie und die Astrophysik.

Der Name des hellsten Sterns im Orion, **Rigel**, stammt aus dem Arabischen und bedeutet „der Fuß“ oder „das Bein“, bezogen auf seine Position in der Konstellation.

DER PEGASUS

Der **Pegasus** – ein Pferd mit riesigen gefiederten Flügeln –ist eine Ehrfurcht einflößende Kreatur aus der griechischen Mythologie. Seine Mutter war die schlangenhaarige **Gorgone Medusa**, sein Vater der Meeresgott **Poseidon**. In einigen Geschichten trägt er den Helden **Perseus** auf dem Rücken, in anderen hilft er Zeus beim Transport von Blitzen. Die Konstellation des Pegasus ist die siebtgrößte am Himmel und wird oft nur als der Kopf und die Vorderläufe eines Pferdes dargestellt. Bevor im 20. Jahrhundert die Grenzen der Sternbilder einheitlich festgelegt wurden, zählten einige Kartografen die Sterne diverser benachbarter kleinerer Konstellationen mit zum Pegasus, um dessen Hinterläufe darzustellen.

Der Sternenname **Enif** stammt aus dem Arabischen und bedeutet „Nase" – in den meisten Darstellungen repräsentiert der Stern tatsächlich die Nase des Pegasus. Der Stern befindet sich am Ende seines Lebenszyklus und wird voraussichtlich nur noch wenige Jahrmillionen existieren.

DER PERSEUS

Perseus war jener Held der griechischen Mythologie, der Andromeda vor dem Seemonster **Cetus** rettete. Das Sternbild beherbergt die **Perseiden**, einen der aktivsten Meteorströme an unserem Nachthimmel. Die Perseiden erscheinen jährlich dann, wenn die Erde auf ihrer Bahn die Staubspur des Kometen Swift-Tuttle durchquert. Innerhalb weniger Stunden können sich Sternschnuppenjägern hunderte von Meteoren zeigen.

Neben der Rettung der Prinzessin **Andromeda** ist Perseus dafür bekannt, die Gorgone **Medusa** geköpft zu haben. Er ist außerdem ein Ahne des Helden Herakles.

Der Name des hellsten Sterns im Perseus, **Mirfak**, stammt aus dem Arabischen und bedeutet „Ellenbogen".

HELLSTER STERN

Eta Piscium

Eigenname Alpherg

DIE FISCHE (Pisces)

Die Fische sind eine der Konstellationen des Zodiak und als gleichnamiges Tierkreiszeichen bekannt. Sie werden oft als zwei Fische dargestellt, die mit einem Faden verbunden sind. Diese Darstellung hat ihre Wurzeln in der griechischen Legende, nach der **Aphrodite**, die Göttin der Liebe, und ihr Sohn **Eros**, der Gott der Liebe, sich in Fische verwandeln, um einem Monster zu entrinnen.

Eta Piscium, der hellste Stern dieser Konstellation, wurde schon in babylonischer Zeit mit Wasser assoziiert – sein babylonischer Eigenname lautet **Kullat Nunu** („Eimer mit Fischen“).

HELLSTER STERN

Alpha Piscis Austrini

Eigenname Fomalhaut

DER SÜDLICHE FISCH (Piscis Austrinus)

Der Südliche Fisch ist verglichen mit den Fischen ein relativ kleines Sternbild. In einigen Legenden stellt er ein Elternteil der Fische dar; ein alternativer Name der Konstellation ist **Piscis Australis**. Trotz seiner geringen Größe wird der Südliche Fisch in frühen Illustrationen als kräftiger, Furcht einflößender Fisch dargestellt. Oft gießt ihm der Wassermann aus dem von ihm gehaltenen Gefäß Wasser über den Kopf oder in das Maul. Die Legenden um die Konstellation reichen bis in babylonische Zeiten zurück, in denen sie erstmals als Fisch beschrieben wurde.

Der Name des hellsten Sterns, **Fomalhaut**, stammt aus dem Arabischen und bedeutet „Maul des Fisches" oder „Maul des Wales".

DER PFEIL (Sagitta)

Der Pfeil ist eines der kleinsten Sternbilder am Himmel – nur das Füllen und das Kreuz des Südens sind noch kleiner. Obwohl der Pfeil kein besonders auffälliges Sternbild ist, fand er bereits im Altertum Erwähnung. Das Bogenschießen spielte in vielen Kulturen schon früh eine wichtige Rolle, ob zur Selbstverteidigung, bei der Jagd, als Sport oder als Wettbewerbsdisziplin. Zahlreiche Götter, auch jene der griechischen Mythologie, wurden als Bogenschützen dargestellt.

Obwohl der Schütze in vielen Darstellungen Pfeil und Bogen hält, wird das Sternbild des Pfeils in der Regel nicht als der Pfeil des Schützen gedeutet, sondern ist in Sternenkarten ein alleinstehendes Symbol.

Der hellste Stern des Pfeils ist der **Rote Riese Gamma Sagittae**. Ein anderer Stern dieser Konstellation, **Alpha Sagittae**, wird auch Sham (arabisch für „Pfeil“) genannt.

DER SCHÜTZE (Sagittarius)

Der **Schütze** ist eine der zwölf Konstellationen des **Zodiak** und eines der Tierkreiszeichen. Er wird als Pfeil und Bogen tragender Zentaur dargestellt. Er enthält einen markanten Asterismus, dessen Form an einen Teekessel erinnert. Da das Sternbild die Milchstraße kreuzt, zeigen einige Darstellungen den Teekessel dabei, wie er die Milchstraße ausgießt.

Der Schütze enthält zahlreiche Sterne mit bekannten Exoplaneten.

Der Name seines hellsten Sterns, **Kaus Australis**, setzt sich aus dem arabischen Wort für „Bogen" und dem lateinischen Wort für „südlich" zusammen. In den meisten Darstellungen liegt er auf dem gespannten Bogen.

DER SKORPION (Scorpius)

Der **Skorpion** ist eine **Zodiak**-Konstellation und wird mit dem gleichnamigen Tierkreiszeichen in Verbindung gebracht. Er befindet sich in der Nähe der **Waage**, die manchmal als Scheren des Skorpions dargestellt wird. Die früheste Erwähnung dieses Sternbildes erfolgte bereits bei den babylonischen Sternbeobachtern, während der Skorpion in der griechischen Mythologie jenes Tier darstellt, das mit Orion kämpfte und ihn schließlich tötete. Der Skorpion befindet sich an der Milchstraße und enthält einige interessante Sternhaufen. Einer davon, Messier 7, wird nach seinem Entdecker auch **Ptolemäus**-Sternhaufen genannt.

Der Name des hellsten Sterns Antares (Anti-Ares oder Gegenmars) kommt aus dem Griechischen und deutet auf die Ähnlichkeit dieses Sterns mit dem Mars hin – der Rote Überriese erscheint selbst mit bloßem Auge betrachtet rötlich leuchtend am Himmel und erinnert somit an den Roten Planeten, der seine rostrote Farbe oxidiertem Eisen an seiner Oberfläche verdankt.

DIE SCHLANGE (Serpens)

HELLSTER STERN

Alpha Serpentis

Eigenname Unukalhai

Die **Schlange** ist das einzige Sternbild, das aus zwei nicht zusammenhängenden Teilen besteht. Der Schlangenkopf **Serpens Caput** befindet sich östlich des Sternbilds des Schlangenträgers, während der Schwanz der Schlange, **Serpens Cauda**, westlich von ihm liegt. Der Schlangenträger wird oft mit einer Schlange dargestellt, die sich um seinen Arm oder Körper windet. Das Sternbild der Schlange beherbergt den bipolaren Gasnebel „**Roter Platz**", dessen vier scharfe Ecken und gerade Kanten ihn zu einem der symmetrischsten Objekte machen, die man bisher im fernen Weltraum beobachten konnte.

Der Name des hellsten Sterns der Konstellation, **Unukalhai**, stammt aus dem Arabischen und bedeutet „Hals der Schlange".

DER STIER (Taurus)

Der Stier ist eines der Sternbilder des **Zodiak** und auch als gleichnamiges Tierkreiszeichen bekannt. Sternenkarten zeigen ihn gewöhnlich in Frontalansicht mit zwei Vorderbeinen, Brust und Kopf. Der Stier enthält zwei bekannte offene Sternhaufen: die **Plejaden** und die **Hyaden**.

Die Plejaden, manchmal auch die **Sieben Schwestern** genannt, sind ein mit bloßem Auge gut sichtbarer Sternhaufen – die sieben Sterne wurden einst als eigenständige Konstellation betrachtet. Die Hyaden waren der Legende nach fünf Töchter des **Atlas** – dem Titanen, der den Erdball auf seinen Schultern trug – und die Halbschwestern der Plejaden, ebenfalls Töchter des Atlas. In der Antike wurden Sternenhaufen manchmal als Augentests verwendet – wer alle sieben Sterne der Plejaden erkennen konnte (eine nicht leichte Aufgabe für Menschen mit durchschnittlicher Sehleistung), erfreute sich ausgezeichneter Sehkraft.

Der Name des hellsten Sterns im Stier, **Aldebaran**, stammt aus dem Arabischen und bedeutet „der Folgende", weil der Stern nach den Plejaden auf- und abgeht und ihnen über den Himmel zu folgen scheint.

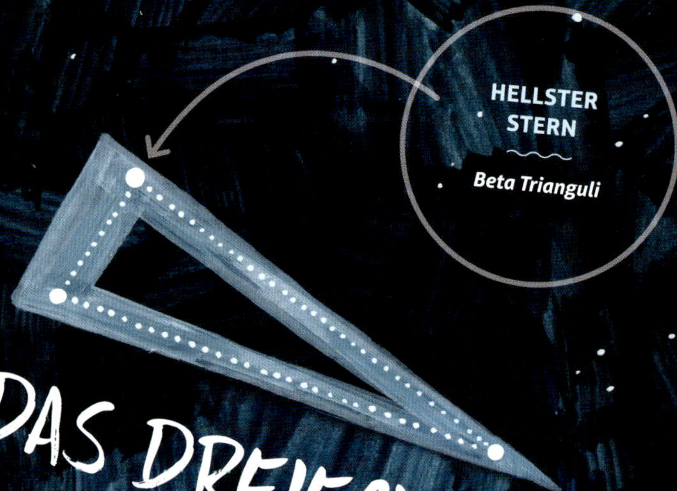

DAS DREIECK (Triangulum)

Diese Konstellation wurde nach ihren drei hellsten Sternen benannt und ist eine der kleinsten am Himmel. Die Griechen nannten sie in Anlehnung an den dreiecksförmigen Buchstaben **Delta** auch „**Deltoton**". Sie ist eine von zwei Dreieckskonstellationen – die andere ist das moderne Sternbild des Südlichen Dreiecks, das im späten 16. Jahrhundert erstmals in Sternenkarten Erwähnung fand. **Johannes Hevelius**, ein Astronom des 17. Jahrhunderts, der mehrere der noch heute verwendeten modernen Sternbilder benannte, hatte außerdem die Dreieckskonstellation **Triangulum Minus** hinzugefügt, die jedoch von späteren Astronomen nicht übernommen wurde.

Das Dreieck beherbergt den ersten entdeckten **Quasar** sowie die **Triangulum-Galaxie**, eine unserer Nachbargalaxien in der Lokalen Gruppe. Der hellste Stern im Dreieck ist **Beta Trianguli**. Ein weiterer Stern, **Alpha Trianguli**, trägt den arabischen Eigennamen **Mothallah**, was so viel bedeutet wie „Dreieck".

DER GROSSE BÄR (Ursa Major)

Der Große Bär ist die drittgrößte Konstellation am Himmel und gleichzeitig eine der hellsten. Sie enthält als markanten **Asterismus** den **Großen Wagen** und lässt sich auf der Nordhalbkugel fast das ganze Jahr über beobachten. Einige der hellsten Sterne des Großen Bären verleihen ihm einen eigentümlich langen Schwanz, wie ihn kein Bär auf der Erde trägt. Trotz dieser Anomalie wurde das Sternbild von vielen Kulturen und Zivilisationen über Jahrtausende als Bär gedeutet. Einige Historiker glauben sogar, dass Geschichten über dieses Sternbild bis in die Altsteinzeit zurückreichen.

Zwei helle Sterne im Großen Bären, **Dubhe** und **Merak**, formen die Außenkante des Großen Wagens und zeigen in ihrer Verlängerung zum Polarstern hinauf.

DER KLEINE BÄR (Ursa Minor)

Der **Kleine Bär**, auch **Kleiner Wagen** genannt, erscheint tatsächlich wie eine Miniaturversion des **Großen Wagens**, jenem markanten Asterismus im **Großen Bären**. Die Konstellation beherbergt **Polaris**, den derzeitigen Polarstern. Der Name Polaris kommt aus dem Lateinischen und bedeutet „nah am Pol gelegen", und dank seiner scheinbaren Fixposition am Himmel, welche den Stern oft als Navigationshilfe fungieren lässt, hat Polaris in verschiedenen Kulturen rund um den Erdball zahlreiche Eigennamen bekommen, die sich meist auf seine scheinbar unverrückbare Position beziehen – darunter Angelstern, Nordpolarstern oder Navigatoria. Polaris war jedoch nicht immer der Polarstern, und in einigen Jahrhunderten wird die Präzession unsere Sicht auf den Nachthimmel entscheidend verändert haben. Vorhersagen nach wird im Jahr 3000 der Stern **Gamma Cephei** aus der Konstellation des **Kepheus** der Polarstern sein.

DIE JUNGFRAU (Virgo)

Die **Jungfrau** ist eines der zwölf Sternbilder des **Zodiak** und somit eines der Tierkreiszeichen. Sie ist nach der Wasserschlange das zweitgrößte Sternbild am Himmel und wird meist als die griechische Göttin der Landwirtschaft und Fruchtbarkeit, **Demeter**, abgebildet.

Die Jungfrau beinhaltet den **Virgo-Galaxienhaufen**, eine Ansammlung gravitativ gebundener Galaxien. Außerdem ist das Sternbild Namensgeber des **Virgo-Superhaufens**, jenem Galaxiehaufen, dem auch unsere **Milchstraße** angehört.

Auf Sternenkarten wird die Jungfrau oft eine Getreideähre haltend abgebildet, der Name ihres hellsten Sterns, **Spica**, kommt aus dem Lateinischen und bedeutet „Kornähre". Tatsächlich ist Spica ein binäres Sternsystem, dessen zwei Sterne sich jedoch so eng umlaufen, dass sie selbst mit dem Teleskop nur schwer als zwei separate Objekte erkennbar sind.

DIE MODERNEN KONSTELLATIONEN

Ptolemäus' System der Sternbilder war lange Zeit maßgeblich. Es enthält den Großteil der hellsten Sterne an unserem Nachthimmel und war in der westlichen Welt über viele Jahrhunderte weithin anerkannt. Doch als westliche Entdecker erstmals die Südhalbkugel bereisten und mit Hilfe von Teleskopen den Himmel zu kartieren begannen, erwies sich das System des Ptolemäus rasch als zu unvollständig für die moderne Astronomie – es gab in den Sternenkarten noch einige Lücken zu füllen.

Entdecker und Astronomen fertigten neue Himmelskarten an und fügten dem bekannten System neue Konstellationen hinzu. Bald jedoch lief die Sternkartierung förmlich aus dem Ruder: Zu viele unterschiedliche Sternenkarten enthielten sich teilweise widersprechende Informationen und waren in der Verwendung unübersichtlich. Die Astronomie benötigte ein offizielles Kartenwerk, das Himmelsbeobachtungen vereinheitlichen und sowohl Astronomen als auch Sternbeobachtern auf der ganzen Welt dabei helfen würde, sich effektiv über ihre Himmelsbeobachtungen auszutauschen.

Um die Bedingungen dafür zu schaffen, erstellte die Internationale Astronomische Union im Jahr 1930 eine offizielle Sternkarte. Alle 48 Konstellationen, die Ptolemäus aufgezeichnet hatte, wurden übernommen. Eine davon, das Schiff **Argo**, wurde in drei zusammengehörige Konstellationen – **Achterdeck**, **Kiel** und **Segel** – aufgeteilt, um zu vermeiden, dass ein einziges Sternbild übermäßig viel Himmelsfläche einnahm. Um den von **Ptolemäus** nicht kartierten Bereich des Himmels abzudecken, führte die **IAU** daraufhin weitere 38 Sternbilder ein – dafür wurden Karten der Astronomen und Navigatoren **Petrus Plancius**, **Johannes Hevelius**, **Abbe Nicolas-Louis de Lacaille**, **Pieter Dirkszoon Keyser** und **Frederick de Houtman** herangezogen. Die Union legte die Grenzen jeder Konstellation genau fest. Das so entstandene Kartenwerk ist bis heute offiziell in Verwendung.

Die 38 neuen Sternbilder bekamen ihre Namen in Anlehnung an die Interessengebiete bekannter Entdecker – diese reichen von wissenschaftlichen Instrumenten über Tiere bis hin zu geografischen Formationen und einer historischen Persönlichkeit.

WERKZEUGE, KUNST UND TECHNOLOGIE

Abbe Nicolas-Louis de Lacaille, ein französischer Astronom des 18. Jahrhunderts, benannte Konstellationen gern nach Hilfsmitteln und Werkzeugen der Kunst und Wissenschaft – insbesondere jenen Gerätschaften, die in der Renaissance neu oder besonders interessant waren. Dreizehn dieser Konstellationen finden sich noch heute im System der IAU:

DIE LUFTPUMPE (Antlia)

Eine pneumatische Pumpe oder ein Blasebalg.

DER GRABSTICHEL (Caelum)

Ein wichtiges Bildhauer-Werkzeug.

DER ZIRKEL (Circinus)

Das Zeichengerät für Kreise und Bögen.

DER CHEMISCHE OFEN (Fornax)

Der für chemische Experimente verwendete Ofen.

DIE PENDELUHR (Horologium)

Das wissenschaftliche Zeitmessgerät.

DAS MIKROSKOP (Microscopium)

Das Instrument, das unsichtbare Objekte sichtbar macht.

DAS WINKELMASS (Norma)

Ein wichtiges Werkzeug beim Zeichnen und Tischlern.

DER OKTANT (Octans)

Ein Navigationsgerät, das Winkel zwischen Objekten misst.

DER MALER (Pictor)

Meist durch eine Staffelei dargestellt.

DER SCHIFFSKOMPASS (Pyxis)

Ein wichtiges Werkzeug für Weltumsegler, die den Himmel kartierten.

DAS NETZ (Reticulum)

Das Netzmuster vor dem Okular eines astronomischen Messgerätes.

DER BILDHAUER (Sculptor)

Meist durch einen Arbeitstisch oder ein Atelier dargestellt.

DAS TELESKOP (Telescopium)

Das wichtige Instrument zur Betrachtung weit entfernter Objekte.

DER SEXTANT

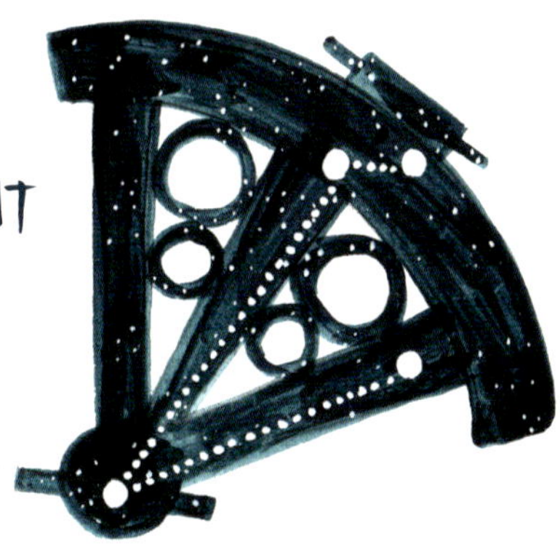

Auch Johannes Hevelius benannte ein Sternbild nach einem technischen Gerät. Der Sextant ist – ähnlich dem Oktanten – ein Navigationsgerät, das Hevelius selbst verwendet haben dürfte, um Abstände zwischen Himmelsobjekten zu bestimmen.

TIERE UND MYTHISCHE WESEN

Achtzehn moderne Konstellationen verdanken ihre Namen Tieren und mythischen Wesen. Als die Entdecker die Welt bereisten und bis dahin unbekannte Himmelsareale kartierten, trafen sie auf eine Vielzahl von Lebewesen, die sie noch nie gesehen hatten. Sie inspirierten die Namen einiger dieser Sternbilder.

DER PARADIESVOGEL (Apus)

Benannt nach dem auffällig gefiederten Vogel Ozeaniens.

DIE GIRAFFE (Camelopardalis)

Oft fälschlicherweise als Kamel identifiziert. Der Name Camelopardalis bezeichnet eine Giraffenart.

DIE JAGDHUNDE (Canes Venatici)

Werden in Darstellungen oft vom benachbarten Bärenhüter an der Leine gehalten.

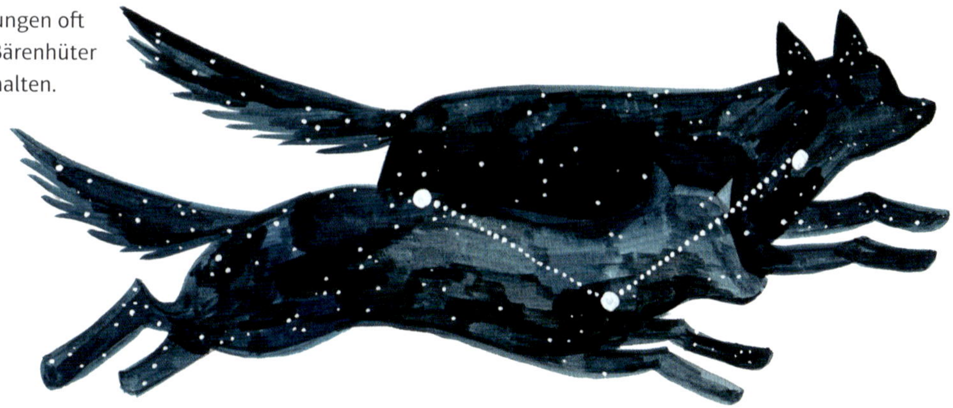

DAS CHAMÄLEON (Chameleon)

Wird oft mit herausgestreckter Zunge dargestellt – bei dem Versuch, die benachbarte Konstellation der Fliege zu fangen.

DIE TAUBE (Columba)

Benannt nach
der biblischen Taube,
die die Nachricht vom Ende
der Sintflut überbrachte.

DER SCHWERTFISCH (Dorado)

Manchmal auch als Delphin oder
Goldfisch dargestellt.

DER KRANICH (Grus)

Gelegentlich auch
als Flamingo oder Fischreiher
dargestellt.

DIE KLEINE WASSERSCHLANGE (Hydrus)

Nicht zu verwechseln
mit dem Ptolemäus-
Sternbild der
Wasserschlange (Hydra).

DIE EIDECHSE (lacerta)

Diese Konstellation wird manchmal auch „Die kleine Kassiopeia“ genannt, da ihre hellsten Sterne ein der Kassiopeia ähnliches „W“ formen.

DER KLEINE LÖWE (leo Minor)

Benannt nach seinem größeren Nachbarn, dem Löwen.

DER LUCHS (lynx)

Der Astronom Hevelius zog freiäugige Himmelsbeobachtungen dem Teleskop vor. Der Legende nach spielt der Name dieses Sternbildes auf seine ausgezeichnete Sehleistung an, denn der Luchs ist ein lichtschwaches Sternbild und Luchse sind für ihre scharfen Augen bekannt.

DAS EINHORN (Monoceros)

Nach dem Fabelwesen benannt.

DIE FLIEGE (Musca)

Wird in Darstellungen oft vom benachbarten Chamäleon verspeist.

DER PFAU (Pavo)

Benannt nach dem wunderschönen grünen Pfau Südostasiens.

DER PHÖNIX
(Phoenix)

Benannt nach dem mythischen Vogel, der aus seiner eigenen Asche auferstehen und jahrhundertelang leben konnte.

DER TUKAN
(Tucana)

Nach dem bunten tropischen Vogel mit der auffälligen Schnabelform benannt.

DER FLIEGENDE FISCH
(Volans)

Nach der Fischart mit flügelartigen Flossen benannt, die aus dem Wasser springen und durch die Luft segeln kann.

DER FUCHS
(Vulpecula)

Manchmal mit einer toten Gans im Maul dargestellt.

WEITERE MODERNE STERNBILDER

Die restlichen Konstellationen wurden unter anderem nach Personen, Orten und abstrakten Formen benannt.

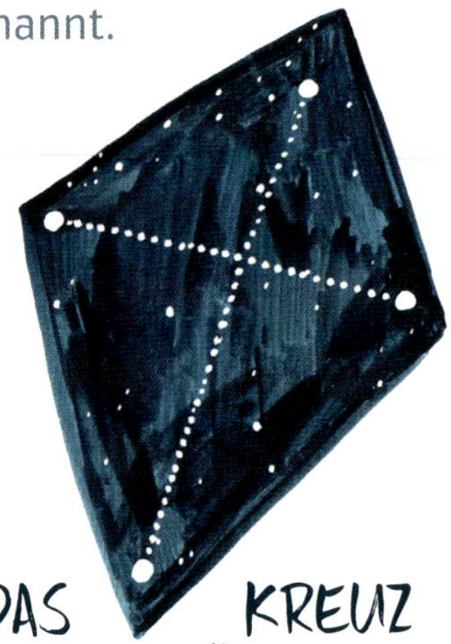

DAS HAAR DER BERENIKE (Coma Berencies)

Die Sterne dieser Konstellation wurden bereits im Altertum beobachtet und von Ptolemäus dem Löwen zugeordnet – sie stellten das Büschel Haare an dessen Schwanzspitze dar. Dies ist das einzige nach einer Person benannte Sternbild – Berenike II., die ägyptische Königin, die ihr langes Haar abschnitt und in einem Tempel als Opfergabe den Göttern darbrachte. Als das Haar wenige Tage später verschwunden war, erzählte man, es habe sich in Sterne verwandelt und sei am Himmel platziert worden, um die Ergebenheit der Königin zu würdigen.

DAS KREUZ DES SÜDENS (Crux)

Das Kreuz des Südens enthält vier sehr helle Sterne, die es zu einem markanten Sternbild am Himmel der Südhalbkugel machen. Bereits die alten Griechen hatten das Kreuz des Südens beobachtet und dokumentiert, jedoch meist der Konstellation des Zentauren zugeordnet.

DER INDIANER (Indus)

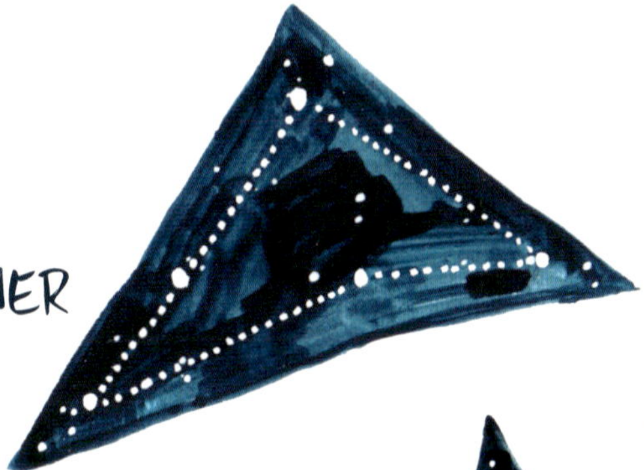

Diese Konstellation trägt seit Hunderten von Jahren einen Namen, der heute nicht mehr ganz unproblematisch ist. Eine Neubenennung wäre hier sicher nicht verkehrt.

DAS SCHILD (Scutum)

Das von Hevelius benannte Sternbild wurde ursprünglich einer bestimmten Schlacht zugewiesen – heute wird es jedoch allgemeiner als Schild dargestellt.

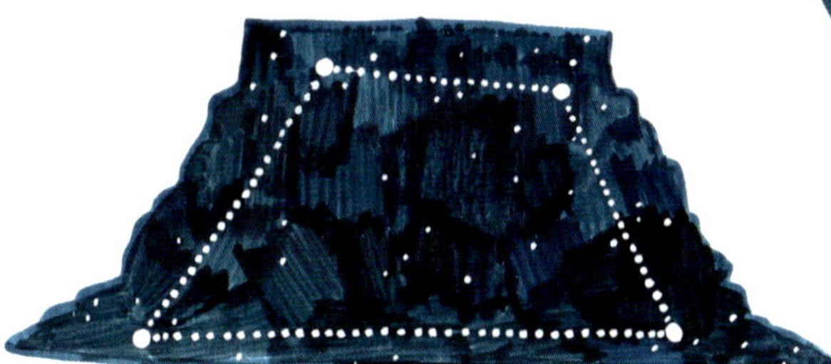

DER TAFELBERG (Mensa)

Dieses Sternbild wurde nach dem südafrikanischen Tafelberg benannt, der sich in der Nähe des Laceille-Observatoriums am Kap der Guten Hoffnung befindet.

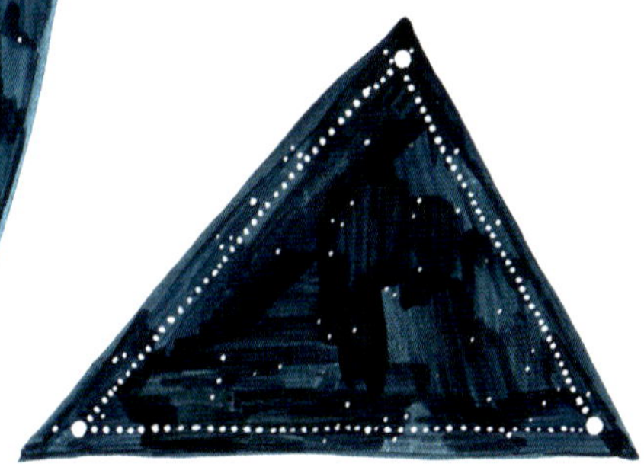

DAS SÜDLICHE DREIECK (Triangulum Australe)

Nicht zu verwechseln mit dem Dreieck, einer anderen kleinen Konstellation, die sich am nördlichen Himmel befindet. Das Südliche Dreieck nimmt mit seiner Größe Platz 83 unter den 88 Sternbildern ein.

DIE

MILCHSTRASSE

In einigen Kulturkreisen erkannte man in den dunklen Staubwolken vor dem Band der Milchstraße sogenannte Dunkelsternbilder, denen ähnlich den Sternbildern viele Mythen und Legenden zugeschrieben wurden. Die Aborigines in Australien sahen beispielsweise einen Emu, dessen Kopf von einem dunklen Nebel nahe der Milchstraße geformt wird.

DIE MILCHSTRASSE

Ein breites Band sanft schimmernden Lichts erstreckt sich über unseren Nachthimmel: **Die Milchstraße** ist die Heimatgalaxie unseres Sonnensystems. Über die Jahrtausende hat sie viele verschiedene Namen bekommen und spielte in zahlreichen Legenden eine Rolle. Einige davon werden heute noch überliefert, andere existieren nur in der Erinnerung oder sind inzwischen in Vergessenheit geraten.

Der Name „Milchstraße" ist die Übersetzung der lateinischen Bezeichnung Via Lactea. Die alten Griechen nannten sie galaxis, was so viel bedeutet wie „milchig" – dies ist auch der Ursprung der Bezeichnung „Galaxie". Die Mehrzahl der Galaxien lassen sich einer von drei Formen zuordnen: Spiralgalaxien, elliptische Galaxien und irreguläre (unregelmäßige) Galaxien.

Bei der Milchstraße handelt es sich um eine Spiralgalaxie mit einem Durchmesser von etwa 100.000 Lichtjahren. Nach aktuellen Schätzungen enthält sie mindestens 100 Milliarden Sterne. Die Sonne befindet sich abseits der Mitte am Rande der Galaxie. Von unserer Position auf der Milchstraßenspirale betrachtet erscheint uns diese als Band aus Licht und Sternen an unserem Nachthimmel.

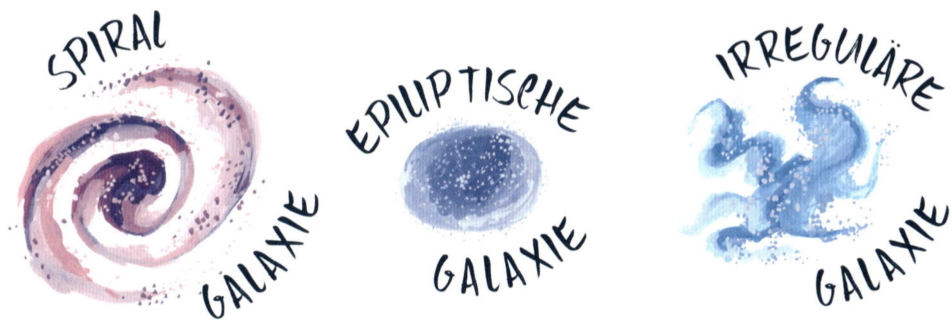

Die **Milchstraße** lässt sich am besten bei geringer Lichtverschmutzung beobachten. Da Lichtverschmutzung größtenteils ein Phänomen der Neuzeit ist (auch ein Vollmond führt zu Lichtverschmutzung, jedoch in deutlich geringerem Ausmaß als übermäßige künstliche Beleuchtung), bot sich früheren Kulturen oft eine bessere Sicht auf die Milchstraße. Fast in jeder Kultur existieren Namen und damit verbundene Geschichten für sie – hier werden einige davon genannt:

DER HIRSCHSPRUNG

DAS RÜCKGRAT DER

DER GROSSE STERNENZAUN

DER SILBERNE FLUSS

DIE STRASSE ZUM

DER BACH DES HIMMELS

DER WEG DES STROHDIEBES

DER WINTERWEG

DER WE

DER FLUSS DES LICHTES

NACHT

DER PFAD DES WEISSEN ELEFANTEN

DER HIMMLISCHE FLUSS

DER BACH DES HIMMELS

PALAST DES HIMMELS

DER WEG DES HUNDES

DER WEG DER VOGEL

G DER GRAUEN GANS

DER WEG DER SCHATTEN

DER STREUWEG DES STROHS

DIE FUSSSTAPFEN GOTTES

DIE HIMMLISCHE NAHT

DER MOND

DIE MONDPHASEN

Während die Hälfte des sich drehenden Erdballs von der Sonne beleuchtet wird, liegt die andere Hälfte in Dunkelheit – so entstehen Tag und Nacht. Ähnlich wird stets auch die Hälfte der Mondkugel von der Sonne bestrahlt. Während seiner einmonatigen Umlaufzeit um die Erde ändert sich der von ihr aus sichtbare Teil des Mondes – diese wechselnden Lichtgestalten des Mondes werden als **Mondphasen** bezeichnet.

Man unterscheidet zwischen zunehmendem und abnehmendem Mond. Wird die komplette Mondoberfläche von der Sonne beleuchtet, sprechen wir von Vollmond; ein komplett dunkler Mond ist ein Neumond.

Auch andere sich um unsere Sonne bewegende Himmelsobjekte durchlaufen derartige Phasen.

Vom Mond aus betrachtet könnte man die Phasen bei der Erde beispielsweise in umgekehrter Reihenfolge beobachten. Mit entsprechender Vergrößerung lassen sich auch bei Venus und Merkur, deren Umlaufbahnen zwischen Erde und Sonne liegen, derartige Phasen beobachten.

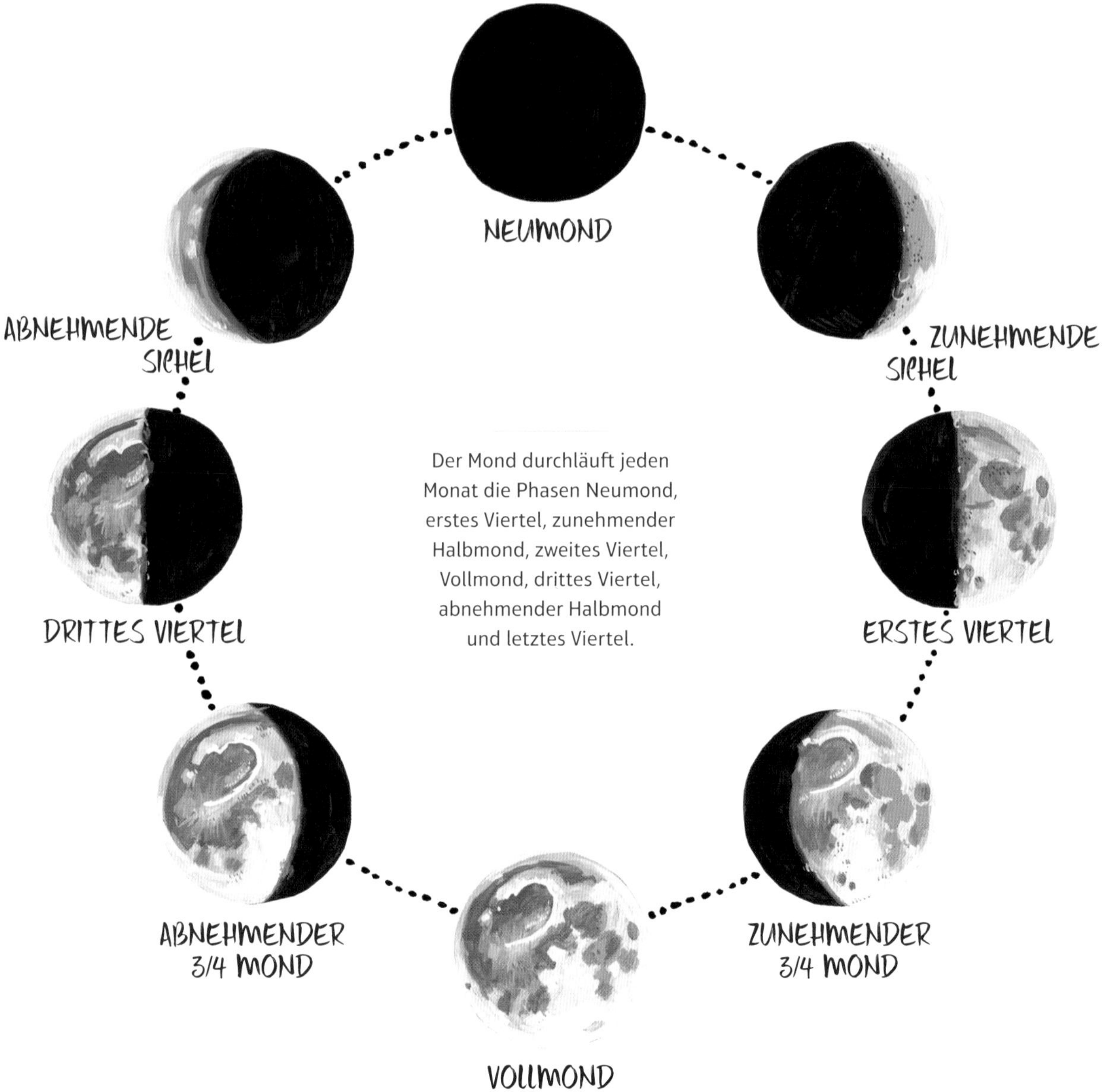

Der Mond durchläuft jeden Monat die Phasen Neumond, erstes Viertel, zunehmender Halbmond, zweites Viertel, Vollmond, drittes Viertel, abnehmender Halbmond und letztes Viertel.

Es dauert etwa 29 ½ Tage,
also ungefähr einen Monat,
bis der Mond alle seine Phasen –
von Neumond bis Vollmond –
durchlaufen hat.

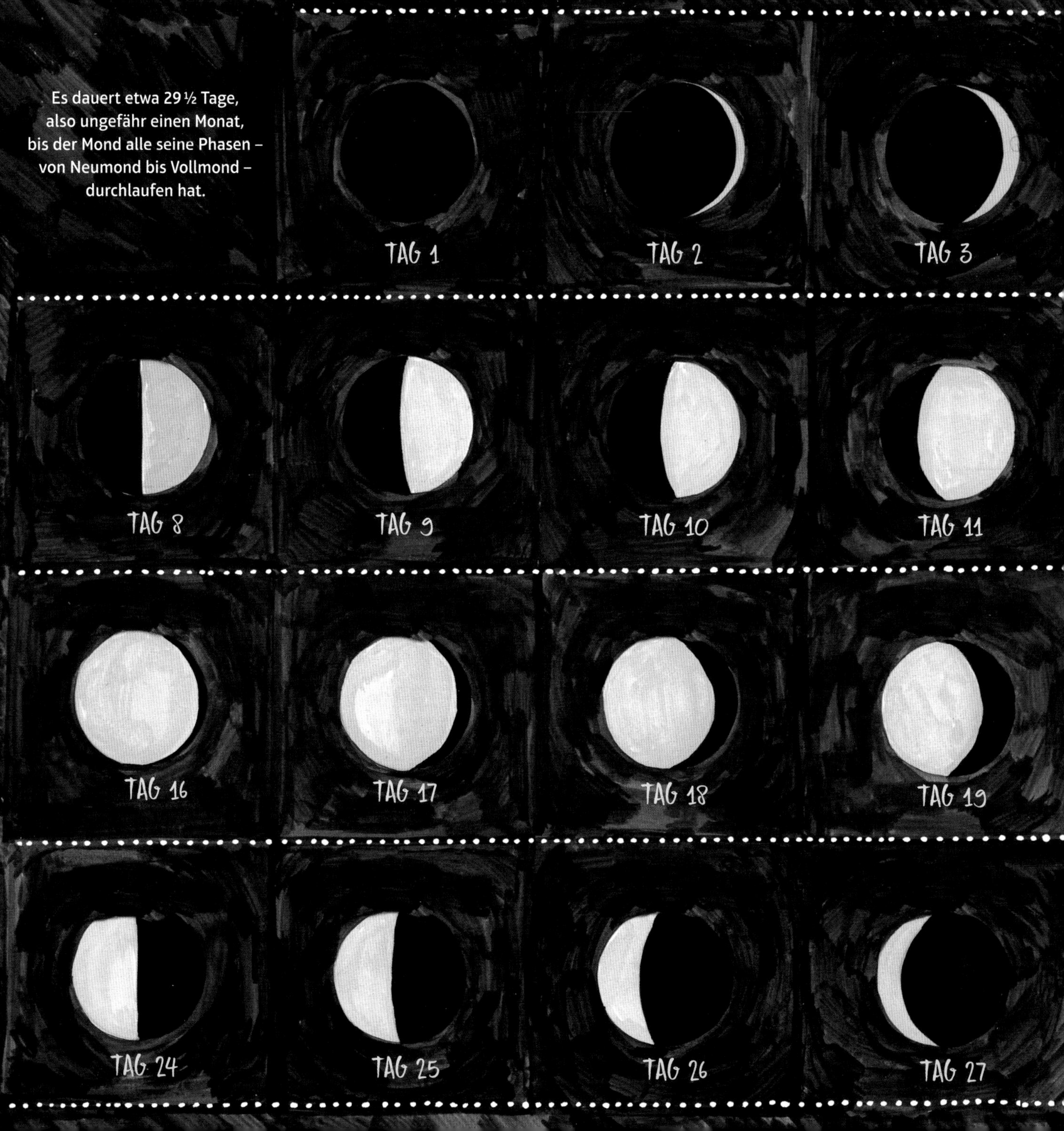

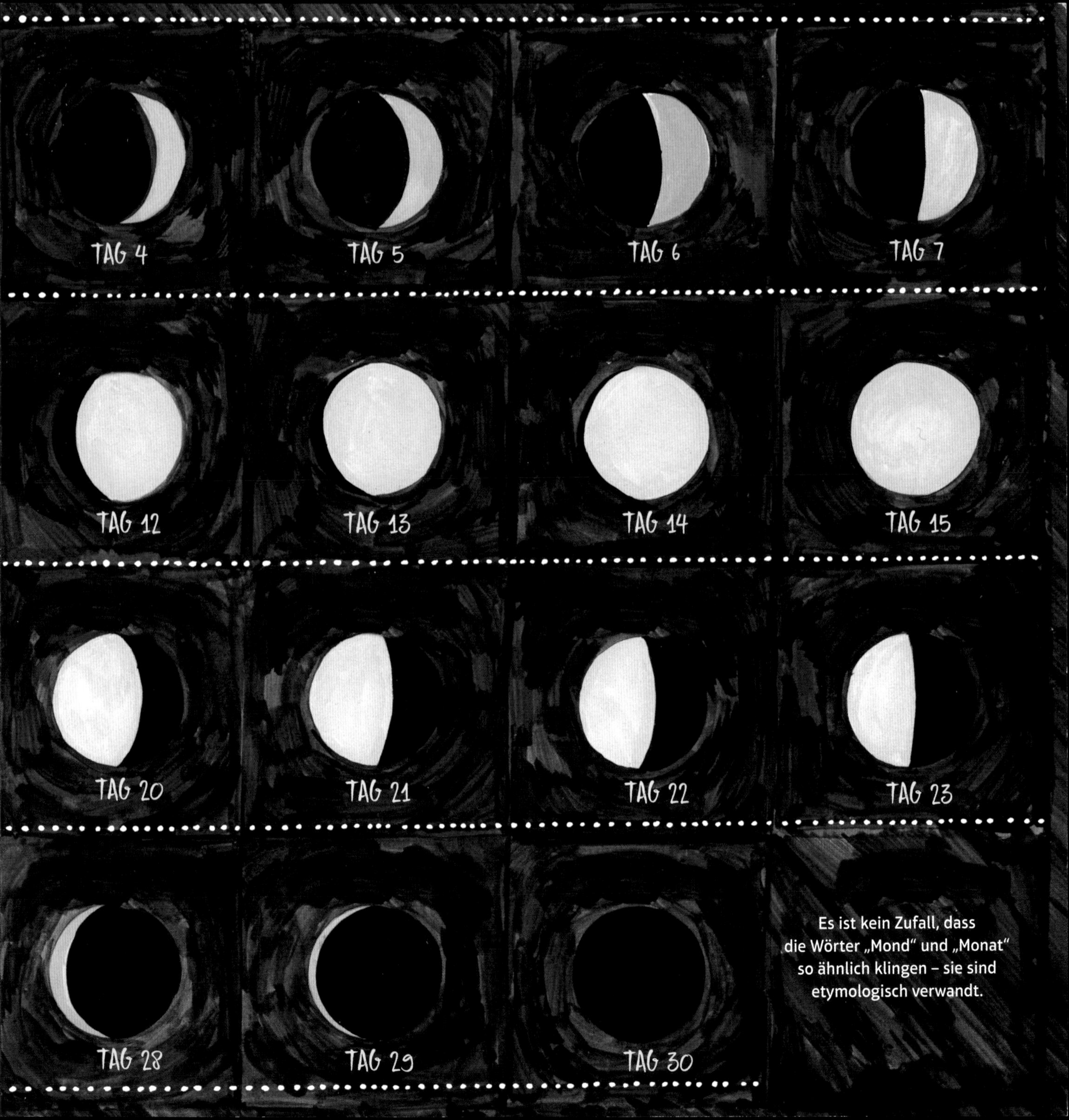

Es ist kein Zufall, dass die Wörter „Mond" und „Monat" so ähnlich klingen – sie sind etymologisch verwandt.

SCHEINBARE GRÖSSE

Der Begriff der **scheinbaren Größe** eines Himmelsobjektes (auch Winkelausdehnung genannt) bezieht sich auf die Betrachtung dieses Objektes von der Erde aus. Der Durchmesser des Mondes beträgt etwa 3.474 Kilometer; der Durchmesser der Sonne dagegen 1,3914 Millionen Kilometer – etwa vierhundertmal so viel.

Da die Sonne jedoch auch etwa vierhundertmal weiter von der Erde entfernt liegt als der Mond, erscheinen die Scheiben von Sonne und Mond an unserem Himmel etwa gleichgroß. So überrascht es nicht, dass beiden Himmelsobjekten im Verlauf der Geschichte oft die gleiche Wichtigkeit eingeräumt wurde. Als man noch weithin glaubte, die Erde befände sich im Zentrum des Universums, hatte man keinen Grund, anzunehmen, dass Sonne und Mond unterschiedlich weit von dieser entfernt sein könnten. Und da sie am Himmel die gleiche Größe zu haben schienen, ging man davon aus, dass sie auch aus der Nähe gleich groß sein müssten.

Natürlich ist die Sonne in Wirklichkeit im Vergleich zum Mond riesig. Ihr Einfluss auf die Erde ist ebenso monumental – sie ist die primäre Energiequelle unseres Planeten, ohne sie hätte sich das Leben auf der Erde nie entwickeln können. Doch auch die andere Kugel an unserem Himmel – der Mond – hat einen nicht unwesentlichen Einfluss auf das Leben auf der Erde.

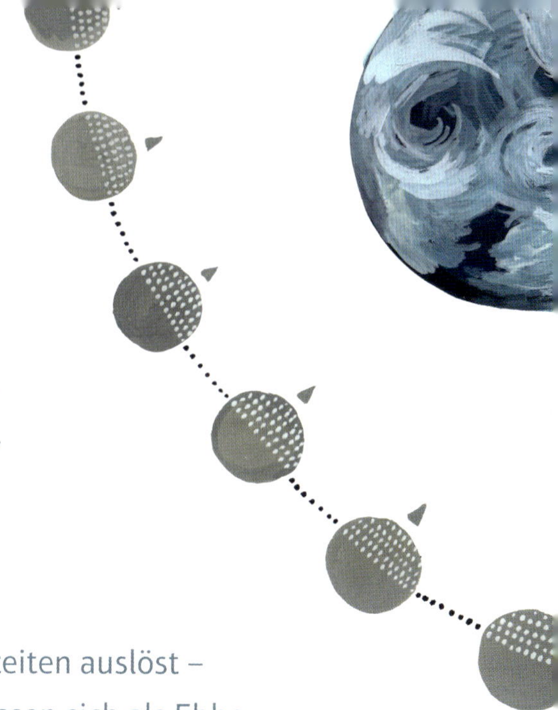

GEBUNDENE ROTATION

Es ist bekannt, dass der Mond die Gezeiten auslöst – fallende und steigende Meeresspiegel lassen sich als Ebbe und Flut beobachten. Die Ursache der Gezeiten ist die **gebundene Rotation** zwischen Erde und Mond.

Das bedeutet, dass die **Umlaufzeit des Mondes** um die Erde gleich seiner **Rotationsperiode** ist – das ist die Zeit, die er für eine vollständige Drehung um seine eigene Achse benötigt, also etwa 27 Tage. Der Mond war allerdings noch nicht immer durch gebundene Rotation mit der Erde verbunden – das Phänomen entwickelte sich langsam. Die Mehrzahl der großen Monde in unserem Sonnensystem unterliegen ähnlichen Kräften in Bezug auf die von ihnen umkreisten Himmelskörper. In manchen Fällen tritt die sogenannte **doppelt gebundene Rotation** auf. Ein Beispiel dafür sind Pluto und sein Mond Charon: Während Charon den Zwergplaneten umläuft, wenden beide Himmelskörper einander stets dieselbe Seite zu.

Die als **Tiden** oder **Gezeiten** bezeichneten sinkenden und steigenden Meeresspiegel auf der Erde werden von den Gezeitenkräften des Mondes hervorgerufen. Die Gravitationskraft des Mondes auf seiner Umlaufbahn um die Erde verursacht eine Gezeitenkraft, die eine leichte Verformung an der Oberfläche des Planeten hervorruft. Diese leichte Wölbung ist an jenen Seiten der Erdoberfläche messbar, die dem Mond exakt zu- beziehungsweise abgewandt liegen.

WEITERE LUNARE PHÄNOMENE

ERDSCHEIN

In den Tagen um den Neumond verursacht die Lage von Erde, Mond und Sonne zueinander ein Phänomen, das Erdschein genannt wird. Der Mond ist unmittelbar vor und nach dem Neumond nur als Sichel erkennbar, doch die unbeleuchteten Flächen des Mondes werden durch die Reflexion des Sonnenlichtes von der Erde auf den Mond aschgrau beleuchtet.

DIE MONDRÜCKSEITE

Da der Mond durch gebundene Rotation mit der Erde verbunden ist, bekommen wir seine Rückseite nie zu sehen. Im englischsprachigen Raum wird sie daher auch dark side of the moon („dunkle Seite des Mondes") genannt. Diese Bezeichnung ist jedoch irreführend, da die Rückseite des Mondes im Verlauf eines Monats genauso viel bestrahlt wird wie die der Erde zugewandte Seite. Dunkel ist sie daher nur von uns aus betrachtet. Im Jahr 1959 wurde die Mondrückseite durch die sowjetische Mondsonde Luna 3 erstmals fotografiert.

DUNKLE SCHATTEN

Auf den Mond geworfene Schatten sind extrem dunkel – viel dunkler als die Schatten auf der Erde.

Die Erdatmosphäre verursacht eine Diffraktion des Lichtes und zerstreut es in Schatten – wir nehmen diese im Vergleich zu ihrer Umgebung als dunkel wahr, doch komplett schwarz sind sie nie.

Da der Mond keine Atmosphäre hat, gibt es auch keine Luft, die das Licht so brechen kann, dass es wieder auf die Schatten fällt – also erscheinen diese fast komplett schwarz. Dies war eine der ersten Beobachtungen des Astronauten Neil Armstrong, als er 1969 erstmals den Mond betrat.

DIE MONDTÄUSCHUNG

Wenn sich am Abendhimmel der aufsteigende Mond zu zeigen beginnt, erscheint dieser oft größer, als wenn er später hoch am Himmel steht. Diese optische Täuschung wird auch „Mondtäuschung" genannt. Die tatsächliche Größe der Mondscheibe bleibt auch bei Mondauf- und untergang unverändert, doch im Umfeld des Horizonts wirkt er größer als hoch oben am Himmel.

DIE „MARIA" DES MONDES

Die großen, dunklen Tiefebenen des Mondes werden auch Mare (lateinisch „Meere“, Plural Maria) genannt. Der Name kommt aus der frühen Astronomie, als man diese Flächen fälschlicherweise für Wasser hielt. Die meisten von ihnen wurden als Meere bezeichnet, doch es wurden auch ein Ozean sowie mehrere Seen, Buchten und Sümpfe benannt.

Heute wissen wir selbstverständlich, dass die dunklen Flächen des Mondes kein Wasser enthalten. Sie sind vielmehr Basaltebenen aus erstarrter Lava, die einst die älteren Tiefebenen des Mondes überflutet hatte. Die helleren Hochebenen des Mondes weisen unzählige Krater auf – entstanden durch über Jahrmilliarden anhaltenden Beschuss durch Asteroiden und Kometen. Dennoch werden die Namen, die den einst für Wasser gehaltenen geologischen Formationen zugewiesen wurden, bis heute verwendet.

Zahlreiche dieser Maria wurden nach menschlichen Gemütszuständen benannt. Da für uns unbekannte Himmelsobjekte neben Bewunderung oft auch Furcht auslösen, überrascht es nicht, dass einige der Namen für die Meere des Mondes aus Aspekten menschlicher emotionaler Erfahrungen abgeleitet wurden. Beispiele sind der See des Glücks, aber auch der See der Qual. Es gibt ein Meer der Heiterkeit, aber auch einen Sumpf der Fäulnis.

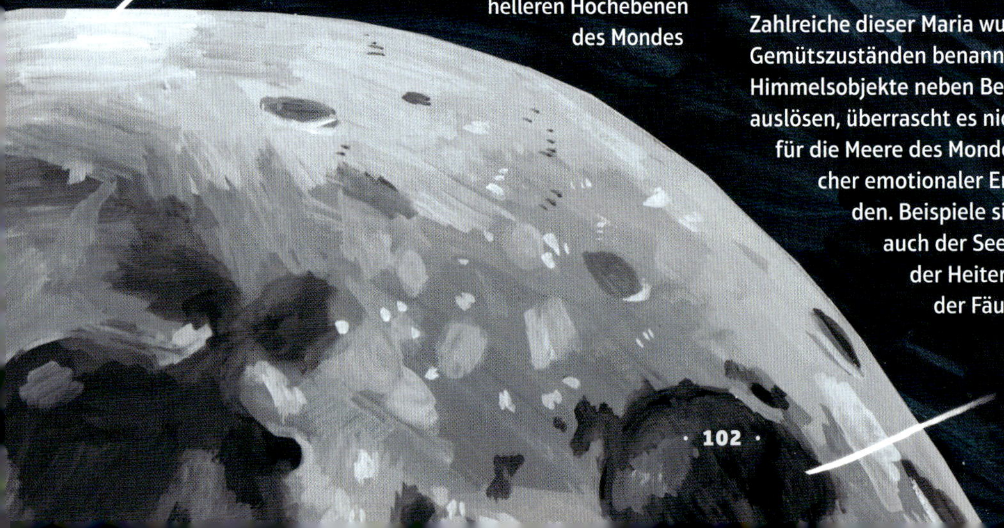

MARE (Meere)

Schlangen-Meer • Südliches Meer •
Bekanntes Meer • Meer der Gefahren •
Meer der Fruchtbarkeit • Meer der Kälte • Humboldt-Meer • Meer der Feuchtigkeit • Regenmeer •
Meer der Begabung • Inselmeer • Randmeer • Moskau-Meer • Nektarmeer •
Wolkenmeer • Östliches Meer • Meer der Heiterkeit • Smyth-Meer • Schäumendes Meer •
Meer der Ruhe • Wellenmeer • Meer der Dünste • Ozean der Stürme

PAULUS (Sümpfe)

Sumpf der Seuchen • Sumpf der Fäulnis •
Sumpf des Schlafes

SINUS (Buchten)

Bucht der Hitze • Bucht der Liebe • Bucht der Rauheit •
Bucht der Eintracht • Bucht des Glaubens • Bucht der Ehre • Regenbogenbucht •
Luna-Bucht • Bucht der Mitte • Bucht des Taues • Bucht des Erfolgs •

LACUS (Seen)

Sommer-See • Herbst-See • See der Güte • See der Qual • See der Vortrefflichkeit •
See des Glücks • See der Freude • Winter-See • See der Sanftmut • See des Überflusses •
See des Todes • See der Vergessenheit • See des Hasses • See der Ausdauer • See der Einsamkeit •
See der Träume • See der Hoffnung • See der Zeit •
See der Furcht • Frühlings-See

DIE NAMEN DER VOLLMONDE

Die Algonquin, ein Ureinwohner-Stamm in Nordamerika, hatten viele Namen für die Vollmonde zu verschiedenen Zeiten des Jahres. Später wurden diese Namen von den Farmern der Kolonialzeit übernommen. Bis heute werden sie von Landwirten und Gärtnern in Nordamerika verwendet, um die Jahreszeiten zu beschreiben.

Treten in einem Kalendermonat zwei Vollmonde auf, wird der zweite im englischen Sprachraum **blue moon** („Blauer Mond") genannt. Wenn in einem Kalendermonat zwei Neumonde auftreten, wird der zweite auch „**Schwarzer Mond**" genannt.

Wolfsmond
im Januar

Schneemond
im Februar

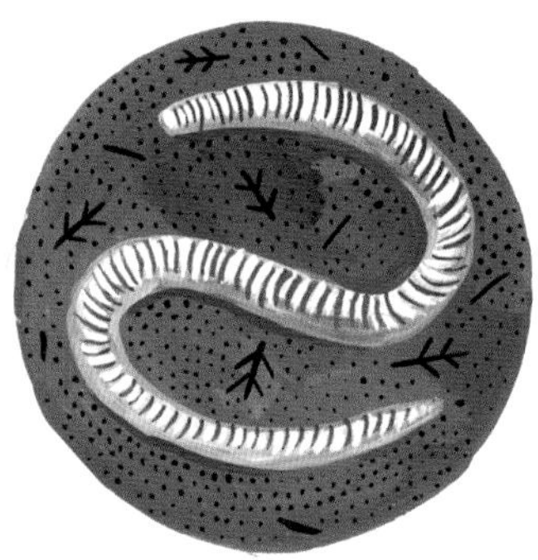

Wurmmond
im März

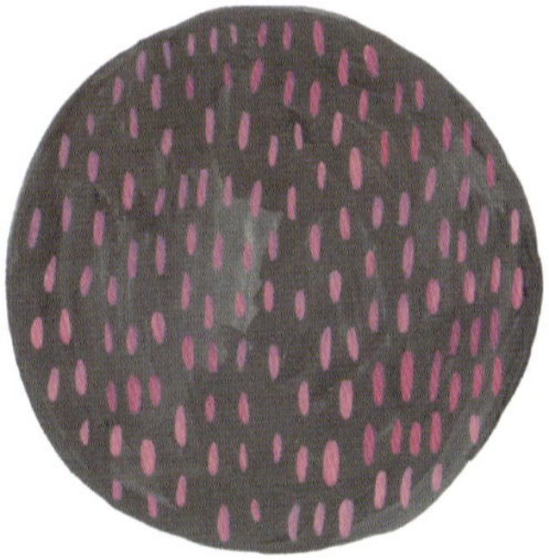

Rosaroter Mond
im April

Blumenmond
im Mai

Erdbeermond
im Juni

Bockmond
im Juli

Störmond
im August

Maismond
im September

Jägermond
im Oktober

Bibermond
im November

Kalter Mond
im Dezember

DIE SONNE

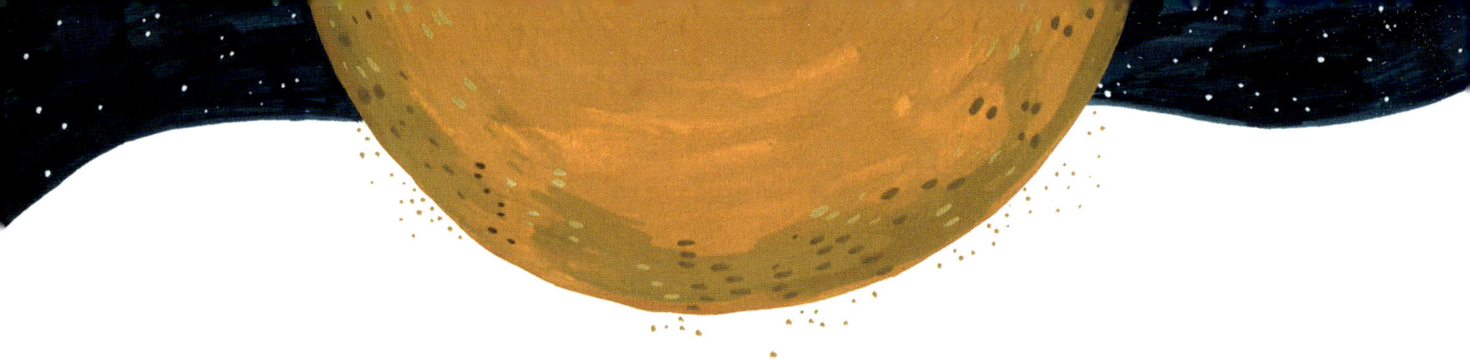

SONNENLICHT ist STERNENLICHT

Lange Zeit nahm man an, die Sonne sei ein Himmelskörper,
der sich grundsätzlich von den Sternen unterscheidet.
Dies klingt zunächst logisch, schließlich erscheint die Sonne
uns riesig am Himmel und ist so hell, dass sie unsere Zeit
in Tag und Nacht aufteilt. Ihre Kraft ist so stark, dass wir
ihre Strahlen als Wärme auf der Haut spüren können.
Dennoch wissen wir heute, dass auch unsere Sonne ein Stern ist.
Sonnenlicht ist Sternenlicht.
Und der Sonne verdanken wir das Leben auf unserer Erde.

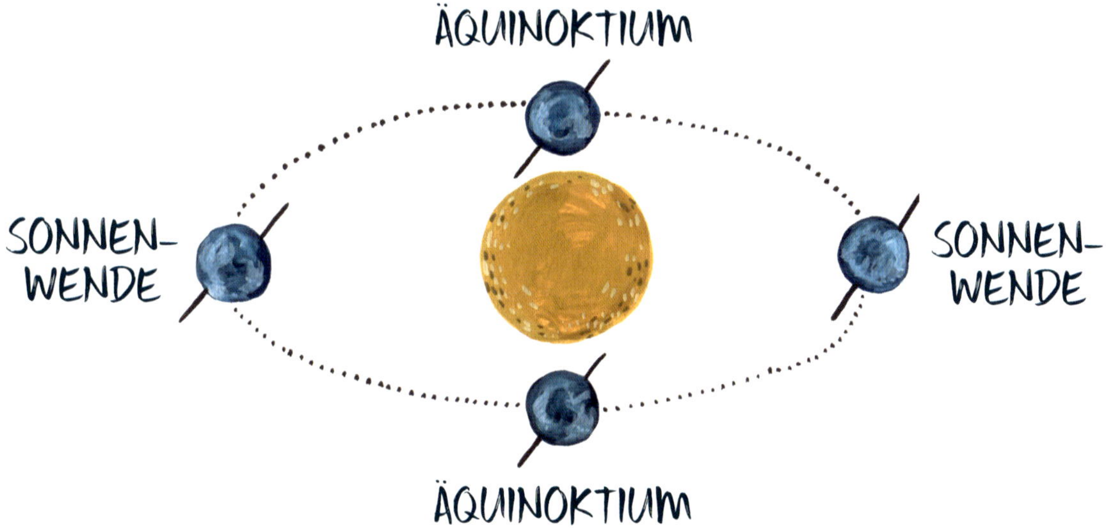

Wir wissen, dass die Erdachse etwas geneigt zur Sonnenumlaufbahn steht – durch diese Neigung entstehen die Jahreszeiten. Es ist Winter, wenn unsere Hemisphäre nur wenig Sonnenlicht erhält; im Sommer verzeichnen wir mehr Sonnenlicht. Aus diesem Grund ist auf der Nordhalbkugel Winter, während auf der Südhalbkugel Sommer ist – und umgekehrt.

Zweimal im Jahr sind Tag und Nacht überall auf der Erde etwa gleich lang – dieses Ereignis wird **Äquinoktium** oder „Tagundnachtgleiche“ genannt. Auf jeder Hemisphäre gibt es jeweils ein Frühlings-Äquinoktium, auf das der Sommer folgt, und ein Herbst-Äquinoktium, dem sich der Winter anschließt. Das Wort leitet sich aus dem Lateinischen ab: **aequus** bedeutet „gleich“ und nox steht für „Nacht“.

Zweimal im Jahr steht die Erdachse außerdem maximal zur Sonne hin beziehungsweise von dieser abgeneigt – diese Zeitpunkte werden **Sommer- und Wintersonnenwende** genannt. Der lateinische Name **solstitium** bedeutet so viel wie „Stillstand der Sonne“, da diese, an ihrer höchsten oder niedrigsten Stellung am Himmel angekommen, zunächst stillzustehen scheint und sich dann im nächsten Vierteljahr (bis zum nächsten Äquinoktium) rückwärts bewegt. Zum Zeitpunkt der Wintersonnenwende bekommt die entsprechende Hemisphäre das wenigste Sonnenlicht und erlebt den kürzesten Tag und die längste Nacht des Jahres. Zur Sommersonnenwende drehen sich diese Bedingungen um – der längste Tag des Jahres wird auch Mittsommernacht genannt.

DIE MONDFINSTERNIS

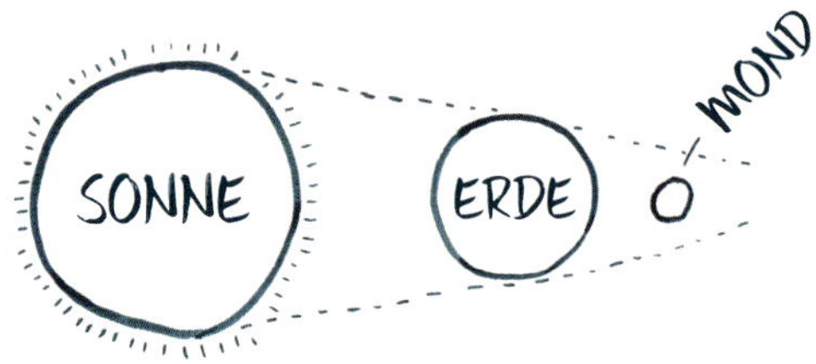

Eine Sonnen- oder Mondfinsternis tritt auf, wenn Erde, Mond und Sonne wie auf einer geraden Linie nebeneinander ausgerichtet liegen.

Bei einer **Mondfinsternis** liegt die Erde genau zwischen Sonne und Mond – Letzterer liegt also im Erdschatten. Eine Sonnenfinsternis entsteht, wenn der Mond sich genau zwischen Erde und Sonne schiebt und so die Sonne ganz oder teilweise verdeckt.

Da eine Mondfinsternis nur auftreten kann, wenn sich die Erde genau zwischen Mond und Sonne befindet, tritt dieses Phänomen nur bei Vollmond auf. Die Himmelskörper müssen außerdem so positioniert sein, dass der Erdschatten auf dem Mond sichtbar ist. Gewöhnlich tritt dieses Phänomen mehrmals pro Jahr auf und kann überall auf der Welt bei Nacht beobachtet werden. Der von der Erde auf den Mond geworfene Schatten ist manchmal leicht rötlich gefärbt; bei einer totalen Mondfinsternis ist die rote Farbe deutlicher erkennbar, weshalb diese manchmal auch „**Blutmond**" genannt wird.

ARTEN VON MONDFINSTERNISSEN

PARTIELLE KERNSCHATTENFINSTERNIS
Nur ein Teil des Mondes tritt in den Kernschatten der Erde

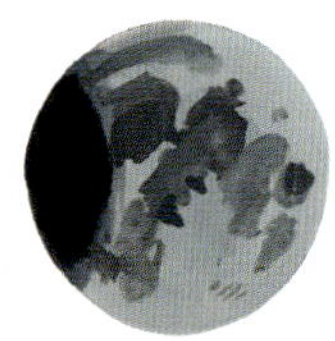

TOTALE KERNSCHATTENFINSTERNIS
Der Mond liegt vollständig im Kernschatten der Erde.

HALBSCHATTEN-MONDFINSTERNIS
Der Mond tritt teilweise oder vollständig in den Halbschatten der Erde.

DIE SONNENFINSTERNIS

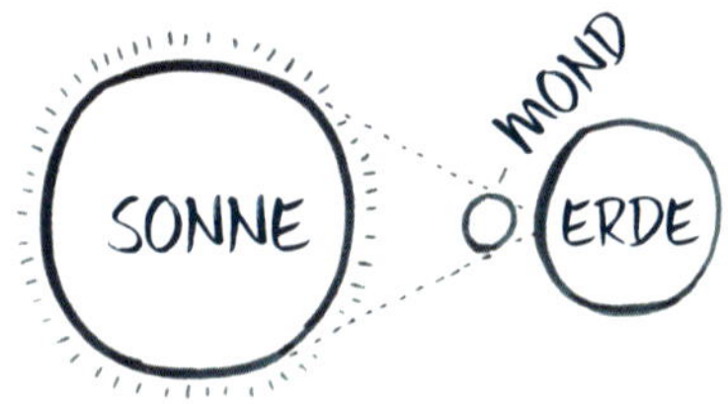

Auch Sonnenfinsternisse treten gewöhnlich mehrmals pro Jahr auf; sie sind jedoch wesentlich schwieriger zu beobachten als Mondfinsternisse.

Eine **Sonnenfinsternis** lässt sich nur entlang einer bestimmten Bahn auf der Erde beobachten. Und das Beobachten hat seine Tücken: Wer direkt in eine Sonnenfinsternis schaut, der schaut folgerichtig direkt in die Sonne. Ein geeigneter Augenschutz ist daher zum Beobachten dieses Himmelsereignisses unabdingbar.

Für frühere Kulturen waren Sonnen- und Mondfinsternisse unergründliche Mysterien, insbesondere angesichts der Annahme, die Erde sei eine Scheibe und befände sich im Zentrum des Universums. Es wurden zahlreiche Geschichten erzählt, um das Gesehene zu erklären, und wie viele andere Himmelsphänomene wurden sie manchmal als schlechtes Omen gedeutet. Im antiken Griechenland behaupteten Anhänger des Hexen- oder Zauberwerkes, Mondfinsternisse hervorgerufen zu haben, und prahlten mit ihrer angeblichen Fähigkeit, den Mond über den Himmel zu ziehen. Im chinesischen Altertum nahm man an, Sonnenfinsternisse würden von einem Drachen verursacht, der einen Teil der Sonne verschlang.

ARTEN VON SONNENFINSTERNISSEN

PARTIELLE SONNENFINSTERNIS
Der Mond verdeckt einen Teil der Sonnenscheibe.

TOTALE SONNENFINSTERNIS
Der Mond verdeckt die Sonnenscheibe komplett und die **Sonnenkorona** wird als heller Ring um den Mond sichtbar.

RINGFÖRMIGE SONNENFINSTERNIS
Durch die Entfernung von der Erde verdeckt der Mond die Sonne bis auf einen leuchtenden Kranz.

DIE POLARLICHTER

Die Erde wird von einem Magnetfeld, der **Magnetosphäre**, geschützt, die sich von Pol zu Pol erstreckt und nach außen wölbt. Das **geomagnetische Feld** hat einen Nord- und Südpol; diese Pole unterscheiden sich von den geografischen Polen. Während letztere Fixpunkte darstellen, unterliegen die **geomagnetischen Pole** Bewegungen. Momentan beträgt die Neigung des Magnetfeldes von der Erdachse aus etwa 10 Grad.

Das Magnetfeld trägt in hohem Maße dazu bei, dass unser Planet bewohnbar ist, denn es schützt uns vor schädlichem **Sonnenwind** – Strömen von geladenen elektrischen Teilchen, die von der Sonne aus auch in Richtung Erde abgeströmt werden. Die Wirkung dieses Sonnenwindes wäre verheerend, würde er nicht von der Magnetosphäre abgeleitet. Das Aufeinandertreffen der Sonnenwindteilchen mit den Teilchen aus der Erdmagnetosphäre wird um die Polargebiete bei hoher Sonnenaktivität als **Polarlicht** sichtbar.

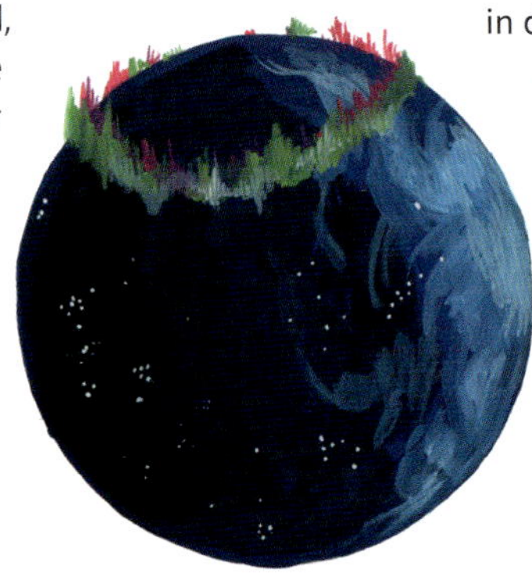

Polarlichter treten in der Regel in und um die geomagnetischen Pole auf. Die geografischen Orte, an denen sie sich beobachten lassen, verändern sich mit der Zeit in Abhängigkeit von der Achse der geomagnetischen Pole. Tritt das Leuchtphänomen in der Nähe des geografischen Nordpols auf, so handelt es sich um das Nordlicht (**aurora borealis**). Nahe des geografischen Südpols lässt sich das Südlicht (**aurora australis**) beobachten.

Sonnenwind ist nur schwer vorauszusagen, weshalb auch Vorhersagen bezüglich des Auftretens der Polarlichter schwierig sind. Das Phänomen lässt sich außerdem meist nur in sehr abgelegenen Gebieten beobachten.

Die Polarlichterscheinungen sind äußerst vielfältig und bieten ein beeindruckendes Himmelsschauspiel. Sie können reinweiß oder farbig sein, von leuchtend grün über rosa und lila bis hin zu blau. Manchmal erscheinen sie als leichter Schimmer nahe dem Horizont; manchmal nehmen sie die gesamte Himmelsfläche ein und tanzen minuten- oder sogar stundenlang aufwärts.

Angesichts der faszinierenden und unvorhersehbaren Erscheinung der Polarlichter überrascht es nicht, dass die Menschen sich allerlei wunderhafte Erklärungen für das Phänomen erdacht haben. Viele frühe Kulturen deuteten sie als schlechtes Omen. Andere nahmen an, sie würden den Geist von Verstorbenen auf dem Weg zurück zu ihren Angehörigen verkörpern. Die australischen Aborigines sahen in den Polarlichtern ein Feuer, das in der Geisterwelt entfacht wurde. Wieder andere Kulturen glaubten, die Polarlichter seien eine Erscheinung der vom Himmel aus über die Menschen wachenden Götter.

DIE PLANETEN

„WANDELSTERNE"

Bereits frühe Beobachter des Nachthimmels bemerkten,
dass sich nicht alle sichtbaren Lichtpunkte gleich verhielten.
Einige stachen besonders hervor – sie waren Wanderer,
die am Himmel eine andere Bahn einnahmen
und heller leuchteten als die restlichen Sterne.
Einige von ihnen schienen sich zudem in eine Richtung
zu bewegen, diese dann plötzlich zu ändern
und anschließend erneut umzukehren,
um ihren ursprünglichen Verlauf wieder aufzunehmen.

Die alten Griechen nannten diese Außenseiter, die umherzuirren oder umherzuschweifen schienen, planetes („**Wandelsterne**"). Heute werden diese Himmelsobjekte in Anlehnung an die ursprüngliche Bezeichnung Planeten genannt. Sie haben am Himmel eine eigene Bahn – ihre relative Nähe zur Erde führt dazu, dass wir ihre Bewegung anders wahrnehmen als die der weiter entfernten Sterne.

In der Zeit der frühen Astronomie waren lediglich fünf Planeten bekannt: Merkur, Venus, Mars, Jupiter und Saturn. Diese Planeten sind mit bloßem Auge sichtbar. Die anderen beiden Planeten in unserem Sonnensystem, **Uranus** und **Neptun**, sind nur mithilfe eines Fernglases oder Teleskops zu erkennen und wurden erst im 18. beziehungsweise 19. Jahrhundert von Astronomen entdeckt.

Die **Anziehungskraft der Sonne** übersteigt die der sie umgebenden Himmelsobjekte, sodass die in der Mitte des Sonnensystems liegenden Objekte die kürzesten Umlaufbahnen haben und die Sonne mit der **höchsten Geschwindigkeit** umkreisen. So benötigt **Merkur**, der Planet mit dem geringsten Abstand zur Sonne, etwa 88 Tage, um diese zu umkreisen, während die Erde den Weg in 365 Tagen zurücklegt. Der äußerste Planet unseres Sonnensystems, **Neptun**, benötigt für seinen Weg um die Sonne dagegen 165 Jahre – etwa 700 Mal länger als Merkur.

MERKUR

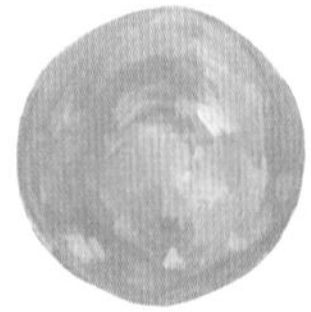

MERKUR

DURCHMESSER 4879.4 km

ABSTAND ZUR SONNE
Variiert in Folge der elliptischen Umlaufbahn zwischen 47 Mio. km und 70 Mio. km

MONDE keine

ROTATIONSPERIODE (MERKUR-TAG)
58 Tage, 15 Stunden und 30 Minuten

UMLAUFZEIT (MERKUR-JAHR) 88 Tage

Merkur ist der kleinste Planet in unserem Sonnensystem und nur unwesentlich größer als unser Mond. Er hat den geringsten Abstand zur Sonne und ist daher am Himmel nicht leicht zu erkennen – gelegentlich zeigt er sich jedoch und war Himmelsbeobachtern daher schon im Altertum bekannt. Da der Merkur eine höhere Umlaufgeschwindigkeit als die anderen Planeten hat, wurde er nach dem römischen Götterboten **Mercurius** benannt, der für seine Geschwindigkeit bekannt war.

Während die äußeren Planeten hauptsächlich aus Gas bestehen, gehört Merkur wie auch Mars und Venus zu den **erdähnlichen** Planeten, die größtenteils aus Gestein und Metall bestehen.

Für jeden Planeten unseres Sonnensystems existiert ein besonderes System zur Namensgebung geologischer Formationen. Die Krater des Merkur wurden beispielsweise nach Musikern, Malern, Schriftstellern und anderen Künstlern benannt. So gibt es einen Ellington-Krater (benannt nach dem US-amerikanischen Jazzmusiker **Duke Ellington**), einen Izquierdo-Krater (nach der mexikanischen Malerin **María Izquierdo**) und einen **Van-Gogh-Krater** (nach dem bekannten impressionistischen Maler).

DIE MERKURSCHLEIFE

Infolge des Phänomens der **Planetenschleife** scheint Merkur auf seiner Umlaufbahn plötzlich innezuhalten und sich in die entgegengesetzte Richtung zu bewegen, bevor er erneut umkehrt und seinen ursprünglichen Weg fortsetzt. Ein verbreiteter Aberglaube sieht Merkur als den Herrscher der Kommunikation und Wahrheit, welche bei rückwärtsgerichteter Bewegung des Planeten gestört seien. In Wirklichkeit ändert Merkur seine Richtung jedoch gar nicht – die Planetenschleife ist eine optische Täuschung, verursacht durch die Lage von Erde und Merkur zueinander. Wer jedoch glaubt, dass die Himmelskörper Einfluss auf das Leben auf der Erde haben, wird den scheinbaren Richtungswechsel eines Planeten, der mehrmals pro Jahr auftritt, wahrscheinlich als schlechtes Omen deuten.

VENUS

VENUS

DURCHMESSER 12.104 km
ABSTAND ZUR SONNE 108 Mio. km
MONDE KEINE

ROTATIONSPERIODE (VENUS-TAG) 243 Tage
UMLAUFZEIT (VENUS-JAHR) 225 Tage

Die Venus ist der unserer Sonne am zweitnächsten gelegene Planet und wurde nach der griechischen Göttin der Schönheit und Liebe benannt. Sie unterscheidet sich in einigen ihrer Eigenschaften deutlich von den anderen Planeten unseres Sonnensystems. So dreht sie sich beispielsweise umgekehrt – von Osten nach Westen – um ihre eigene Achse. Für diese **Drehung** benötigt sie 245 Tage, während ihre Umlaufzeit um die Sonne lediglich 225 Tage dauert – ein Tag auf der Venus ist also länger als ein Venus-Jahr.

Wie Merkur und Mars zählt auch die Venus zu den **erdähnlichen** Planeten. In Größe und Masse ähnelt sie der Erde, ist jedoch wesentlich heißer. Diese Hitze erklärt sich nicht nur aus der Nähe zur Sonne, sondern entsteht auch durch den starken **Treibhauseffekt**, hervorgerufen durch die dichte Atmosphäre, die Hitze unter sich einschließt. Die mittlere Temperatur – etwa 464°C – ist heiß genug, um Blei zum Schmelzen zu bringen, und macht Venus zum heißesten Planeten unseres Sonnensystems. Die Venus ist außerdem ein sehr helles Objekt und manchmal sogar tagsüber am Himmel sichtbar. Die dicke, wolkige Atmosphäre, die für die hohe Temperatur verantwortlich ist, reflektiert außerdem große Mengen an Sonnenlicht und verleiht der Venus so ihre Leuchtkraft.

Die Mehrzahl der Oberflächenstrukturen auf der Venus wurden nach berühmten Frauen auf der ganzen Welt benannt. Einige beziehen sich auf historische Persönlichkeiten – beispielsweise der **Tubman-Krater**, benannt nach der afroamerikanischen Fluchthelferin Harriet Tubman. Andere erinnern an weiblichen Figuren aus Religion und Mythologie, wie das **Lakshmi-Plateau**, das nach der hinduistischen Göttin des Glücks und der Liebe benannt wurde.

ERDE

ERDE

DURCHMESSER 12.742 km
ABSTAND ZUR SONNE 149,6 Mio. km
MONDE 1, der Mond
ROTATIONSPERIODE (ERD-TAG) 1 Tag
UMLAUFZEIT (ERD-JAHR) 365 Tage

Der einzige Planet, der nicht nach einer griechischen oder römischen Gottheit benannt wurde, ist unsere Erde. In fast allen Sprachen bezieht sich ihr Name in irgendeiner Form auf das, was wir als „Boden" kennen. Aus unserer Perspektive mag es uns zunächst erscheinen, als habe der Boden unter unseren Füßen nichts mit den Leuchtpunkten gemeinsam, die wir über uns am Himmel sehen. Die Menschheit benötigte eine lange Zeit und fortschrittlich denkende Wissenschaftler wie **Nikolaus Kopernikus** oder **Galileo Galilei,** um nachzuweisen, dass die Erde sich um die Sonne dreht und nur einer von vielen Planeten ist.

Die Erde ist der größte der insgesamt vier **erdähnlichen** Planeten unseres Sonnensystems, die aus dichtem Gestein und Metall bestehen und eine harte Kruste aufweisen. Sie ist der einzige Planet, auf dem bisher **flüssiges Wasser** nachgewiesen wurde, und befindet sich im idealen Abstand zur Sonne: nah genug, um von deren Wärme zu profitieren, aber nicht so nah, dass die Hitze das Leben unmöglich macht. Das Leben auf der Erde wird durch eine Reihe besonderer Umstände ermöglicht, aus denen sich optimale Bedingungen ergaben. Selbst minimale Veränderungen der Position und des Aufbaus der Erde hätten dazu führen können, dass diese unbewohnbar geblieben wäre.

Nach unserem derzeitigen Wissensstand ist die Erde der einzige Ort unseres Universums, der Leben hervorbringen und erhalten kann, doch die Suche nach anderen bewohnbaren Himmelskörpern geht weiter. Bisher erscheint der Mars als der am besten geeignete Kandidat – jüngere Missionen haben gezeigt, dass die Bedingungen auf dem Mars jenen auf der Erde einst sehr ähnlich waren. Auch vom Saturnmond **Titan** und dem Jupitermond **Europa** wird angenommen, dass sie potenziell bewohnbare Orte unseres Sonnensystems sein könnten.

MARS

MARS

DURCHMESSER 6.779 km
ABSTAND ZUR SONNE 227,9 Mio. km
MONDE 2, Phobos und Deimos

ROTATIONSPERIODE (MARS-TAG) 1 Tag, 40 Minuten
UMLAUFZEIT (MARS-JAHR) 687 Tage

Der vierte Planet von der Sonne aus wurde nach dem römischen **Kriegsgott Mars** benannt. Am Nachthimmel erscheint Mars oft rot schimmernd – die Farbe des Feuers und des Blutes –, der Name scheint also sehr passend. Mars ist nach Merkur der zweitkleinste Planet unseres Sonnensystems; er ist im Durchmesser nur etwa halb so groß wie die Erde. Dennoch ähneln viele der Eigenschaften dieses Planeten denen unserer Erde. Die Tage auf dem Mars sind etwa genauso lang wie die auf der Erde und durch seine geneigte Achse ist der Planet ebenfalls Jahreszeiten ausgesetzt. Außerdem hat Mars ähnlich wie die Erde **polare Eiskappen**.

Mars ist in seiner Position der letzte erdähnliche Planet – alle Planeten, deren Umlaufbahnen sich im Sonnensystem weiter außen befinden, sind sogenannte **Gasriesen**. Es wurde nachgewiesen, dass der Planet in der Vergangenheit über eine Atmosphäre und flüssiges Wasser verfügte, was Wissenschaftler annehmen lässt, dass der Mars möglicherweise bewohnbar sein könnte – oder dass auf ihm zumindest Spuren früheren Lebens existieren könnten.

Der **Rote Planet** beherbergt den höchsten bekannten Berg unseres Sonnensystems, **Olympus Mons**. Benannt ist er nach dem griechischen Berg Olymp, dem Sitz der Götter in der Mythologie. Olympus Mons ist etwa zweieinhalbmal so hoch wie Mount Everest.

Der Mars ist die perfekte Kulisse für Science-Fiction-Szenarien und seine größten Krater wurden nach Persönlichkeiten des Genres benannt. So gibt es beispielsweise einen **Roddenberry-Krate**r, benannt nach dem Star Trek-Erfinder Gene Roddenberry. Die Marslandschaft weckt Assoziationen mit uns bekannten Formationen, was vielleicht erklärt, dass einige kleinere Krater nach geografischen Orten auf der Erde benannt wurden. So gibt es beispielsweise einen **La-Paz-Krater** (nach der Stadt in Mexiko) und einen **Reykholt-Krater** (nach dem isländischen Ort).

Unsere Verbindung zum Roten Planeten intensivierte sich, als im Jahr 2003 die **Mars-Rover-Missionen** begannen. Diese beispiellosen Vorstöße bedienen sich ferngesteuerter Fahrzeuge, die den Planeten erkunden und unter anderem nach Spuren von Leben und Wasser suchen.

JUPITER

JUPITER

DURCHMESSER 139.822 km

ABSTAND ZUR SONNE 778,5 Mio. km

MONDE 69, Io, Europa, Ganymed und Kallisto sind die vier größten.

ROTATIONSPERIODE (JUPITER-TAG)
9 Stunden und 56 Minuten

UMLAUFZEIT (JUPITER-JAHR) 12 Jahre

Der fünfte und größte Planet unseres Sonnensystems wurde nach dem römischen Gott des Himmels und des Donners und dem König des römischen Pantheons benannt. Es ist gut nachvollziehbar, dass klassische Astronomen den **Gasriesen** ihrem machtvollsten Gott gleichsetzten. Nach unserem Mond und der Venus ist Jupiter das drittauffälligste Objekt an unserem Nachthimmel – noch bevor Wissenschaftler sich seiner enormen Größe bewusst waren (der Planet ist zweieinhalbmal so groß wie alle anderen Planeten unseres Sonnensystems zusammengenommen), erkannte man Jupiters Bedeutung als wichtiger Himmelskörper.

Jupiter ist der innerste und zugleich größte der **Gasplaneten**. Er hat keine feste Kruste, könnte jedoch einen festen Kern haben. Der Planet besteht hauptsächlich aus Wasserstoff und Helium und ist von Stürmen umgeben – der größte davon ist der **Große Rote Fleck**, ein riesiger Wirbelsturm, der seit über 186 Jahren in der Jupiter-Atmosphäre tobt und im Durchmesser größer als die gesamte Erde ist.

Ein Tag auf Jupiter dauert knapp 10 Stunden; er hat damit die kürzeste Rotationsperiode aller Planeten in unserem Sonnensystem.

Galileo war der erste Mensch, der die größten Monde des Jupiter entdeckte – sie werden daher auch **galileische Monde** genannt. Diese vier der insgesamt 69 heute bekannten Monde wurden nach Figuren der griechischen Mythologie benannt: **Kallisto**, **Europa**, **Ganymed** und **Io**. Europa wird als einer der wichtigsten Himmelskörper in unserem Sonnensystem betrachtet – sie wird intensiv erforscht, denn im Inneren des Eismondes vermutet man einen Ozean aus flüssigem Wasser, in dem sich außerirdisches Leben befinden könnte.

SATURN

SATURN

DURCHMESSER 116.464 km

ABSTAND ZUR SONNE 1,4 Mrd. km

MONDE 62, zahlreiche weitere kleine Satelliten befinden sich in den Ringen.

ROTATIONSPERIODE SATURN-TAG) 10 Stunden und 42 Minuten

UMLAUFZEIT (SATURN-JAHR) 29 Jahre

Der zweite **Gasriese** und von der Sonne aus betrachtet sechste Planet ist nach dem römischen **Gott der Aussaat** benannt. Galileo war der Erste, der Beobachtungen der berühmten Ringe des Saturn aufzeichnete, doch die ihm zur Verfügung stehende Vergrößerungstechnologie war noch nicht ausgereift genug, um deren Ursprung zu ergründen – Galileo nahm an, es könnte sich um Monde handeln. In den 1650er Jahren erkannte der niederländische Astronom und Mathematiker **Christiaan Huygens** das Phänomen erstmals als Ringe. In den frühen 1980er Jahren erreichte die **Voyager**-Raumsonde den Saturn und sendete erste Aufnahmen der Ringe zur Erde.

Die 62 bekannten Monde des Saturn variieren in ihrer Größe erheblich. Der größte ist **Titan**, der zweitgrößte Mond unseres Sonnensystems – er ist sogar größer als Merkur. Einige der kleineren Jupitermonde messen jedoch nur wenige Kilometer und entsprechen in ihrer Gestalt kaum dem, was wir uns als Mond vorstellen – ihre Form ist eher kartoffelartig als rund. Nach der Entdeckung von Titan im Jahr 1655 wurden zahlreiche weitere neu entdeckte Jupiter-Monde nach den Titanen der griechischen Mythologie benannt: **Tethys**, **Lapetus** und **Rhea** sind einige Beispiele.

Als Planeten, Monde und andere Himmelsobjekte die Namen griechischer und römischer Gottheiten langsam auszuschöpfen begannen, wurden Entdeckungen am Nachthimmel auch nach Namen aus anderen Kulturen benannt. Eine Gruppe der Jupitermonde wurde beispielsweise nach Namen aus der Mythologie der **Inuit** benannt; sie enthält **Siarnuq**, **Tarqeq** und **Kiviuq**. Eine andere Gruppe erhielt ihre Namen aus der nordischen Mythologie, ihre Monde sind **Skathi**, **Fenrir** und **Ymir**. Eine dritte Gruppe, zu der **Tarvos** und **Albiorix** gehören, erhielt Namen aus der keltischen Mythologie.

URANUS

URANUS

DURCHMESSER 50.724 km

ABSTAND ZUR SONNE 2,9 Mrd. km

MONDE 27, die fünf größten sind Miranda, Ariel, Umbriel, Titania und Oberon.

ROTATIONSPERIODE (URANUS-TAG) 17 Stunden und 14 Minuten

UMLAUFZEIT (URANUS-JAHR) 84 Jahre

Der dritte **Gasriese** und von der Sonne aus siebte Planet wurde nach dem griechischen Gott des Himmels, **Uranos**, benannt. Er ist somit der einzige nach einer griechischen Gottheit benannte Planet. Uranos war der Vater von Kronos und Großvater des Zeus – in einem Diagramm des Sonnensystems bilden die drei Planeten Uranus, Saturn (entspricht Kronos in der griechischen Mythologie) und Jupiter (entspricht Zeus) also eine Art Familienstammbaum.

Gemeinsam mit seinem Nachbarn Neptun zählt Uranus sowohl zu den Gasriesen als auch zu den **Eisriesen** – ihre chemische Zusammensetzung unterscheidet sich von jener der anderen Gasplaneten. Durch ein Teleskop betrachtet erscheint Uranus hellblau mit einem schwach leuchtenden Ringsystem, über das bereits **William Herschel** theoretisiert hatte, bevor seine Existenz durch **NASA**-Beobachtungen bestätigt wurde. Uranus ist der einzige Planet unseres Sonnensystems, dessen Achse fast senkrecht zu seiner Umlaufbahn steht – er dreht der Sonne also nicht seinen Äquator, sondern im Wechsel seine beiden Pole zu. Dadurch erscheint es, als rolle er wie ein Bowlingball auf seiner Bahn entlang, statt sich wie ein Globus zu drehen.

Uranus war der erste Planet, der in der Neuzeit entdeckt wurde. Herschel beobachtete ihn im Jahr 1781 und wollte ihn nach König Georg III. benennen – die gewohnte Benennung nach einer Figur der klassischen Mythologie wurde jedoch am Ende beibehalten. Die gasförmige Atmosphäre des Planeten umschließt mit großem Druck sein flüssiges Inneres. Die durch den Druck aufgespalteten Kohlenwasserstoff-Verbindungen könnten neueren Forschungsergebnissen nach sogar dazu führen, dass es im Inneren des Planeten einen regelrechten „Diamantenregen" gibt.

Fast alle der 27 Monde des Uranus wurden jeweils nach Figuren aus Shakespeare-Stücken benannt: **Juliet**, **Ophelia**, **Desdemona** und **Puck** sind einige Beispiele.

NEPTUN

NEPTUN

DURCHMESSER 49.244 km
ABSTAND ZUR SONNE 4,5 Mrd. km
MONDE 14, der größte ist Triton.

ROTATIONSPERIODE (NEPTUN-TAG)
16 Stunden und 6 Minuten
UMLAUFZEIT (NEPTUN-JAHR) 165 Jahre

Der letzte **Gasgigant** und achte Planet unseres Sonnensystems wurde nach dem römischen Meeresgott, **Poseidon**, benannt. In Größe und Aufbau ähnelt Neptun Uranus; durch ein Teleskop betrachtet erscheint er in noch dunklerem Blau und seine Oberfläche ist einer der stürmischsten Orte unseres Sonnensystems. Er weist mehrere sichtbare, dunkle Flecken auf, die ähnlich dem großen **Roten Fleck** auf Jupiter gigantische, lang anhaltende Stürme sind.

Die Monde des Neptun tragen die Namen von Nymphen der griechischen Mythologie. Der größte Mond, **Triton**, ist nach dem Sohn des Meeresgottes Poseidon benannt. Triton ist der einzige Mond unseres Sonnensystems, der seinen Planeten auf einer **retrograden Umlaufbahn** umkreist – er bewegt sich entgegengesetzt zur Rotationsrichtung von Neptun. Am Nachthimmel ist Neptun nur mit Hilfe eines Teleskopes erkennbar; er ist zudem der erste Planet, der nicht durch unmittelbare Beobachtung, sondern durch mathematische Berechnungen entdeckt wurde. Wissenschaftler bemerkten bei der Beobachtung der Uranus-Bewegung Bahnstörungen, die sich nur durch den Einfluss eines anderen, bis dahin unbekannten Planeten erklären ließen. Bald darauf, im Jahr 1846, bestätigten Beobachtungen die Existenz des Neptun. Der Planet hat die längste Umlaufzeit unseres Sonnensystems: Ganze 165 Jahre benötigt er für seinen Weg um die Sonne.

TRANSNEPTUNISCHE OBJEKTE

Jenseits der Bahn des äußersten Planeten Neptun befinden sich unzählige Objekte, die sich ebenfalls um die Sonne bewegen – sie werden als transneptunische Objekte bezeichnet. Das Wissen um diese fernen Objekte ist relativ jung – man weiß erst seit etwa einem Jahrhundert, dass sie überhaupt existieren, und bedingt durch ihre Lage sind sie schwieriger zu untersuchen als unsere planetaren Nachbarn.

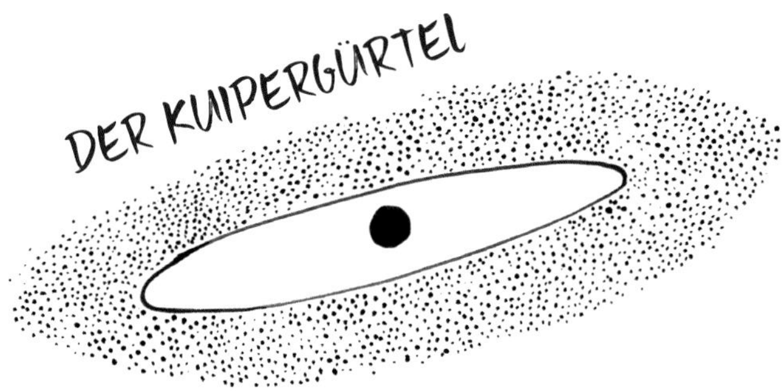

Außerhalb der Neptunbahn befindet sich ein ausgedehnter Ring aus Tausenden von Objekten, bei denen es sich wahrscheinlich um **Kometenfragmente** handelt. Das am längsten bekannte Objekt des **Kuipergürtels** ist der Zwergplanet **Pluto**, der bis zur Entdeckung weiterer großer Objekte im Kuipergürtel als Planet eingestuft worden war.

DIE OORTSCHE WOLKE

Im äußersten Bereich des Sonnensystems wird eine kugelschalenförmige Ansammlung von Gestein und Eisobjekten vermutet. Da die **Oortsche Wolke** noch nicht unmittelbar beobachtet werden kann, wissen wir bisher sehr wenig über sie. Der niederländische Astronom **Jan Hendrik Oort** spekulierte 1950 erstmals über ihre Existenz.

Einige Astronomen vermuten, dass viele unserer Kometen und sogar einige Monde aus der Oortschen Wolke stammen. Der Theorie nach könnten derartige Objekte ins Innere des Sonnensystems geschleudert und dort von der Gravitationskraft der Planeten angezogen worden sein.

ASTEROIDEN, KOMETEN UND METEOROIDEN

KOMETEN

Kometen sind Klumpen aus Gestein und Eis,
die sich in elliptischen Umlaufbahnen um die Sonne bewegen.
Sie werden in **kurz- und langperiodische** Kometen eingeteilt:
Erstere benötigen für ihren Weg um die Sonne maximal
200 Jahre, letztere deutlich länger –
von über 200 bis zu mehreren Tausend Jahren.

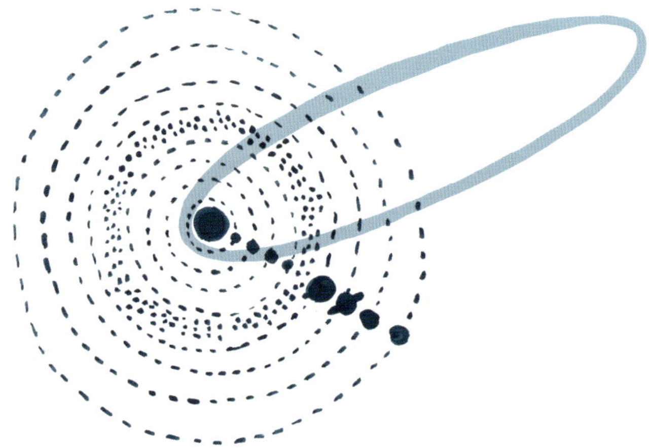

Wenn die Umlaufbahn eines Kometen diesen an der Sonne vorbeiführt, erhitzt er sich und die Gase in seinem Inneren werden freigesetzt. Dabei bilden sich um den Kern des Kometen eine strahlenartige **Koma** und manchmal auch ein **Schweif**, den der Komet hinter sich herzuziehen scheint. Das Wort Koma stammt aus dem Griechischen und bedeutet „Haar" – bezogen auf das Aussehen von Koma und Schweif – und ist auch der Ursprung des Wortes „Komet".

Bevor die moderne Wissenschaft sie erklären konnte, wurden Kometen oft als schlechte Omen gedeutet, die Krankheit oder Tod, politische Unruhen oder eine Hungersnot ankündigten. Damals waren Kometen Furcht einflößende Himmelsereignisse – sie traten ohne Vorwarnung auf, nahmen eine merkwürdige Bahn und waren schwer vorhersehbar.

Einen Vorteil hatte der Aberglaube jedoch: Da man Kometen als wichtige astronomische Ereignisse ansah, wurde ihr Auftreten detailliert protokolliert. Anhand dieser Daten, die Jahrhunderte zurückreichen, können heutige Astronomen Kometen aus der Vergangenheit untersuchen.

In der Regel sind Kometen nach den Personen benannt, die sie entdeckten. Der Komet **35P/Herschel-Rigollet** wurde beispielsweise 1788 von **Caroline Herschel** erstmals beobachtet und 1939 von **Roger Rigollet** wiederentdeckt.

Einer der bekanntesten Kometen, **1P/Halley**, ist nach dem Mathematiker und Astronomen **Edmund Halley** benannt. Er stellt eine Ausnahme zu der gewöhnlichen Namensgebung dar, denn der Komet Halley wurde über die Jahrhunderte zahlreiche Male beobachtet, wiederentdeckt und aufgezeichnet (von einer Sichtung wurde bereits im Jahr 240 vor unserer Zeitrechnung berichtet). Halley konnte jedoch nachweisen, dass es sich bei diesen Sichtungen um ein- und denselben Kometen handelte.

METEOROIDEN

Manchmal stellen wir uns den Weltraum als leeren Raum vor, doch er ist mit zahlreichen Gesteinsbrocken und -trümmern gefüllt. Für unsere Erde stellen diese Objekte normalerweise keine Gefahr dar; am Nachthimmel erscheinen sie uns als **Sternschnuppen**.

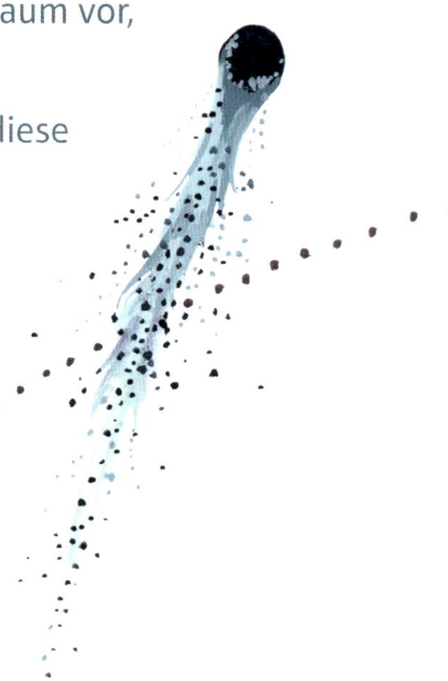

Je nach Aufbau und Herkunft werden Meteoroiden unterschiedlich klassifiziert – ein Großteil von ihnen stammt aus größeren Asteroiden.

Auf ihrem Weg um die Sonne hinterlassen Kometen eine Staubspur aus kleinen Teilchen. Diese kreuzen auch die Umlaufbahn der Erde und werden früher oder später von ihr durchquert. Bei Kontakt mit der Erdatmosphäre **verglühen** die Staubteilchen in einem atemberaubenden Schauspiel, das wir als Meteorstrom beobachten können. Bei guter Witterung können sich dabei pro Stunde Hunderte Sternschnuppen zeigen.

Ein kleines
Objekt aus Stein,
das sich im Welt-
raum um die Sonne
bewegt, ist ein
Meteoroid.

Ein Teilchen,
das sich auf
die Erde zubewegt und
in der Atmosphäre
sichtbar verglüht,
wird **Meteor**
genannt.

Ein Gesteinsstück,
das die Atmosphäre
durchdrungen
und die Erdober-
fläche erreicht hat,
wird als **Meteorit**
bezeichnet.

Während eines Meteorstroms regnen Sternschnuppen meist von einem bestimmten Punkt im Himmel aus herab – dem **Radianten**, der immer einem bestimmten Sternbild zugeordnet ist. Ein Beispiel sind die **Perseiden**, die jährlich im August auftreten, wenn die Erde die Staubwolke des Kometen **109P/Swift-Tuttle** durchkreuzt. Der Radiant des so entstehenden Meteorstroms liegt im Sternbild Perseus, dem er auch seinen Namen verdankt.

Da Meteorströme dann auftreten, wenn die Erde einen Punkt auf ihrer Umlaufbahn kreuzt, an dem sich besonders viel Material angesammelt hat, können wir vorhersagen, wann der Sternschnuppenregen auftreten wird – die meisten Meteorströme lassen sich einmal im Jahr beobachten.

Am besten lässt das Himmelsspektakel sich in den dunkelsten Nachtstunden und an einem Ort mit geringer Lichtverschmutzung wahrnehmen. Bestenfalls ist gerade Neumond oder der Mond steht als schmale Sichel am Himmel, sodass er die Sternschnuppen nicht überstrahlt. Einige bekannte Meteorströme sind im Folgenden aufgelistet.

DIE QUADRANTIDEN

Die Quadrantiden erreichen im frühen Januar ihren Höhepunkt. Ihr Radiant liegt im Sternbild des Bärenhüters; benannt wurden sie nach dem früheren Sternbild des Mauerquadranten, dessen Sterne heute dem Bärenhüter zugehören.

Mutterkörper unbekannt

DIE LYRIDEN

Die Lyriden erreichen ihren Höhepunkt Mitte bis Ende April und regnen vom Sternbild der Leier herab.

Mutterkörper C/1861 G1 (Thatcher)

DIE ETA-AQUARIIDEN

Die Eta-Aquariiden erreichen ihren Höhepunkt Anfang Mai und regnen vom Sternbild des Wassermanns herab.

Mutterkörper 1P/Halley (Halley's Comet)

DIE PERSEIDEN

Die Perseiden treten Anfang oder Mitte August auf; ihr Radiant liegt im Sternbild Perseus.

Mutterkörper 109P/Swift-Tuttle

DIE ORIONIDEN

Die Orioniden treten Mitte bis Ende Oktober auf; ihr Radiant liegt im Sternbild Orion.

Mutterkörper 1P/Halley

DIE LEONIDEN

Die Leoniden erreichen ihren Höhepunkt Mitte bis Ende November und regnen vom Sternbild des Löwen herab.

Mutterkörper 55P/Tempel-Tuttle

DIE GEMINIDEN

Die Geminiden treten Mitte Dezember auf; ihr Radiant liegt im Sternbild der Zwillinge.

Mutterkörper Asteroid 3200 Phaethon

ASTEROIDEN

Asteroiden sind Kleinkörper in unserem Sonnensystem, die anders klassifiziert werden als Meteoroiden oder Kometen. Kometen bestehen größtenteils aus Eis und Staub, Asteroiden dagegen aus Gestein – sie ähneln also in ihrem Aufbau Meteoroiden, sind jedoch erheblich größer.

Der erste Asteroid, der einen Namen bekam, war **Ceres**; er wurde im frühen 19. Jahrhundert zwischen den Umlaufbahnen von Mars und Jupiter entdeckt. Zunächst wurde er als Planet eingestuft, obwohl er deutlich kleiner ist als unser Mond. Mit der Entdeckung neuer Asteroiden wurde deutlich, dass Ceres sich auf einer Umlaufbahn mit unzähligen weiteren Gesteinskörpern befindet. Er wurde als Zwergplanet neu klassifiziert – also als einer der größeren Himmelskörper, die sich innerhalb des riesigen Asteroidengürtels um die Sonne bewegen. Der **Asteroidengürtel** enthält Tausende, wenn nicht gar Millionen von Asteroiden. Der Name dieser Objekte leitet sich aus dem altgriechischen aster („Stern") ab – als man damit begann, Asteroiden zu beobachten, erschienen sie durch das Teleskop betrachtet wie helle, sternartige Lichtpunkte am Himmel.

Heute werden Asteroiden oft als Planetoiden oder Kleinplaneten klassifiziert, obwohl einige von ihnen groß genug sind, um eigene Monde zu haben. Andere sind wiederum so klein, dass sie mit Meteoroiden verwechselt werden könnten – die Unterscheidung der beiden Gruppen ist mitunter schwierig und wird anhand der Objektgröße vorgenommen:

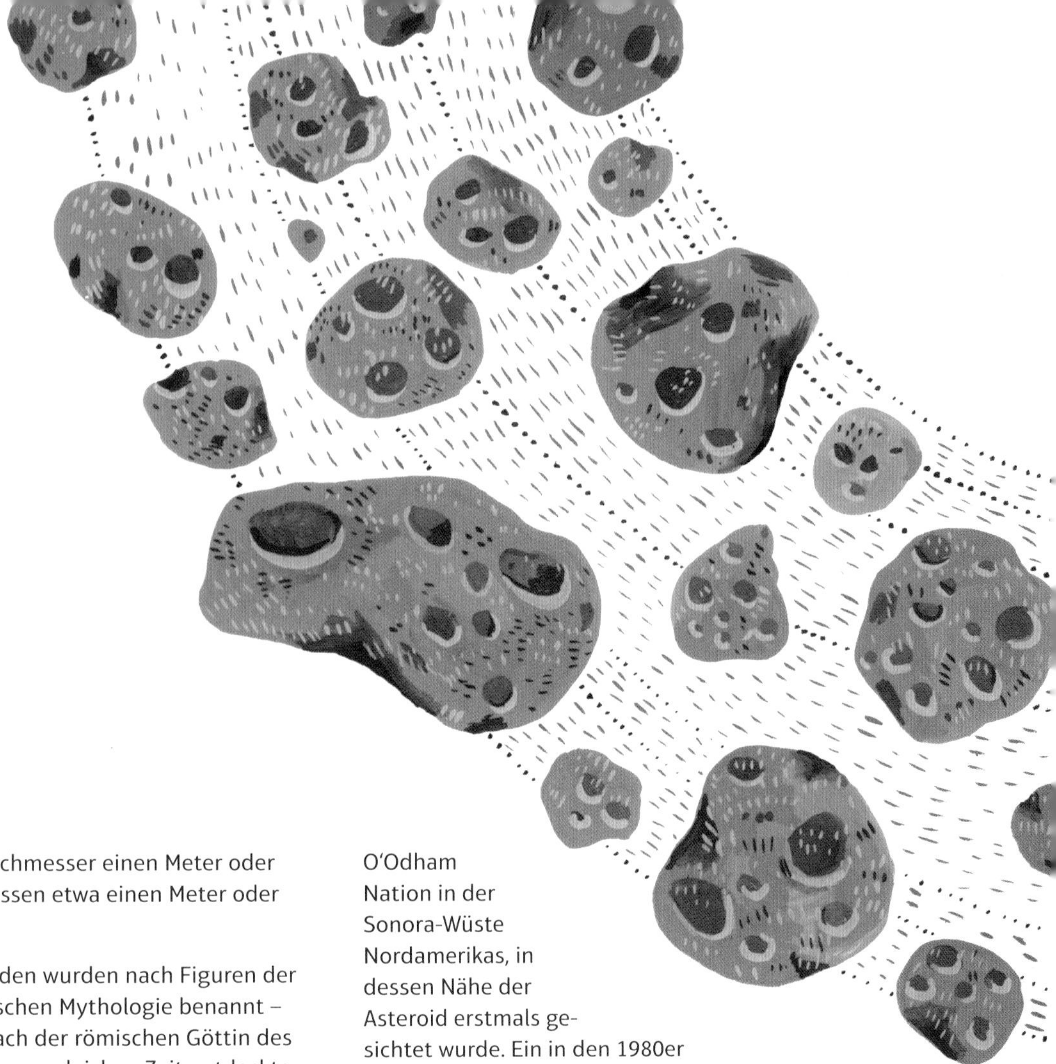

Asteroiden sind im Durchmesser einen Meter oder größer; Meteoroide messen etwa einen Meter oder weniger.

Früh entdeckte Asteroiden wurden nach Figuren der griechischen und römischen Mythologie benannt – Ceres beispielsweise nach der römischen Göttin des Ackerbaus. Andere etwa zur gleichen Zeit entdeckte Asteroiden tragen Namen wie **Juno** (die Königin der römischen Götter) oder **Vesta** (die römische Göttin von Heim und Herd). In jüngster Zeit entdeckte Asteroiden wurden individuell benannt, so beispielsweise der in den 1960er Jahren entdeckte **2059 Baboquivari**, benannt nach einem heiligen Berg der Tohono O'Odham Nation in der Sonora-Wüste Nordamerikas, in dessen Nähe der Asteroid erstmals gesichtet wurde. Ein in den 1980er Jahren entdeckter Asteroid trägt den Namen **2675 Tolkien** nach dem Schriftsteller J.R.R. Tolkien.

JENSEITS UNSERES SONNENSYSTEMS

BOTSCHAFTEN AN DIE STERNE

Wir haben viel Zeit damit verbracht, die Botschaften, die wir in den Sternen sehen, zu deuten. Vor einigen Jahrzehnten begann man damit, Nachrichten an die Sterne zurückzusenden: **Pioneer 10** und **Pioneer 11**, zwei bahnbrechende Weltraumsonden-Missionen, enthielten erstmals Botschaften über die Menschheit und das Leben auf der Erde, die sich an intelligentes, außerirdisches Leben richten sollten.

Pioneer 10 wurde am 2. März 1972 von Cape Canaveral in Florida (USA) aus gestartet und lieferte die ersten unmittelbaren Beobachtungen des Planeten Jupiter. Am 13. Juni 1983 verließ Pioneer 10 als erste Raumsonde unser Sonnensystem. Der letzte Kontakt zwischen Erde und Pioneer 10 fand am 23. Januar 2003 statt, danach wurde kein Signal mehr empfangen.

Pioneer 11, die Schwesternsonde zu Pioneer 10, wurde am 6. April 1973 ebenfalls von Cape Canaveral aus in den Weltraum geschickt. Sie ermöglichte erste unmittelbare Beobachtungen des Planeten Saturn. Der letzte Kontakt zwischen Erde und Pioneer 11 fand am 30. September 1995 statt.

Beide Sonden werden sich voraussichtlich auf ihrer derzeitigen Bahn noch über Jahrmillionen weiter ungestört fortbewegen, bis sie erstmals mit den Sternen in Kontakt kommen. Dies liegt daran, dass der Abstand zwischen Objekten im tiefen Weltall so ungemein groß ist und die Sonden auf ihrem Weg wahrscheinlich keine weiteren Objekte antreffen werden. Pioneer 10 bewegt sich auf den Stern **Aldebaran** im Sternbild des Stiers, **Taurus**, zu, der etwas 65 Lichtjahre von der Erde entfernt liegt. Es wird noch etwa zwei Millionen Jahre

dauern, bis die Sonde den Stern erreicht hat. Pioneer 11 bewegt sich auf das Sternbild des Adlers, **Aquilla**, zu und wird dort in etwa vier Millionen Jahren einen Stern passieren. Beide Sonden werden nicht zur Erde zurückkehren, doch die Informationen, die sie uns während ihrer Missionen gesendet haben, haben unser Wissen über den Weltraum nachhaltig verändert.

Beide Pioneer-Sonden tragen goldbeschichtete Aluminium-**Plaketten** an Bord, in die Bilder und Symbole eingraviert sind. Die Plaketten wurden als Botschaft an andere intelligente Lebensformen im Weltraum konzipiert, sollten diese die Sonden auf ihrem Weg durch das All abfangen.

Die Künstlerin **Linda Salzman** schuf die Illustrationen auf den Plaketten, unter anderem ein Diagramm von der Position der Sonne im Vergleich zu den 14 Pulsaren – hypothetische Betrachter könnten so über die Lage unseres Sonnensystems spekulieren. Auf den Plaketten befindet sich auch eine schematische Zeichnung von Mann und Frau, eine visuelle Repräsentation jener Spezies, die die Raumsonde ausgesandt hat.

DAS VOYAGER-PROGRAMM

Auf Pioneer 10 und Pioneer 11 folgte das Voyager-Programm.
Voyager 2 startete am 20. August 1977 und Voyager 1
am 5. September 1977 von Cape Canaveral aus.
Die Mission dieser Sonden war es, Jupiter, Saturn
und den größten Saturnmond, Titan, zu erforschen.
Beide Raumsonden sind bis heute aktiv.

Als Erweiterung der Plaketten von Pioneer 1 und 2 wurden von einem Forscherteam um **Carl Sagan** Datenplatten entworfen. Die sogenannten Voyager Golden Records wurden an den Raumsonden angebracht und enthalten Bild- und Audio-Informationen sowie schematische Gebrauchsanweisungen. Das ausgewählte Bildmaterial soll einen Überblick über das Leben auf der Erde liefern. Enthalten sind Fotografien von Planeten unseres Sonnensystems, von Tieren, einem menschlichen Skelett und einer stillenden Mutter sowie eine Illustration unserer DNA.

Die Tonaufnahmen der Platten beginnen mit gesprochenen Grüßen in 55 verschiedenen Sprachen, darunter zahlreiche alte Sprachen. Darauf folgen ausgewählte Geräusche von der Erde, darunter Donner, Tiergeräusche, das Weinen eines Babys, Schritte und eine komprimierte Aufzeichnung menschlicher Vitalfunktionen. Danach ist eine Auswahl von Musikstücken aus verschiedenen Epochen und Kulturkreisen zu hören.

Voyager 1 konnte sich weiter von der Erde entfernen als jedes andere von Menschen geschaffene Raumfahrtobjekt und trat im Jahr 2012 in den **interstellaren Raum** ein. Voyager 1 und Pioneer 10 bewegen sich in unterschiedlichen Richtungen von unserem Sonnensystem weg und sind derzeit weiter voneinander entfernt als alle anderen Raumsonden. Falls eines Tages eine Nachricht von unserem Planeten tatsächlich außerirdisches Leben erreicht, dann wahrscheinlich von einer dieser Sonden aus.

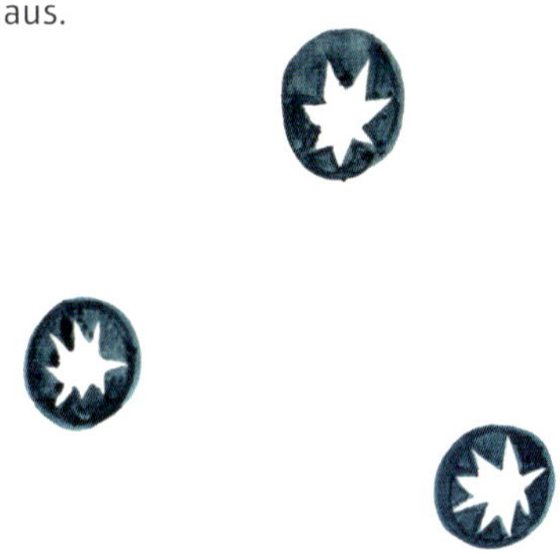

IN DEN TIEFEN DES WELTALLS

Dunkle Materie, dunkle Energie, schwarze Löcher, Nebel, Pulsare, Quasare: Je mehr wir über den Weltraum lernen, desto mysteriöser erscheint er uns – und dabei stehen wir erst am Anfang der Erkundung des fernen Weltraums. Wir sind dabei, neue Galaxien und Exoplaneten in weit entfernten Systemen zu entdecken, und beobachten die Entstehung neuer Sterne, die uns die Geburt unserer eigenen Sonne besser verstehen lässt.

Seit Beginn der Menschheit schauen wir mit Staunen und Ehrfurcht in den Nachthimmel. Und je mehr wir lernen, desto ausgedehnter erscheint uns der Kosmos. Wissenschaftler spekulieren momentan, dass der Durchmesser des Universums zig Milliarden Lichtjahre beträgt – eine Entfernung, die unsere Vorstellungskraft übersteigt. Die Menschheit strebt schon seit jeher nach Wissen, und unser Wunsch, die uns umgebende Welt zu begreifen, ist ein Teil dessen, was uns als Menschen definiert. Mittlerweile beschränkt sich diese Welt nicht nur auf unseren eigenen Planeten – wir haben eine erfolgreiche Mondlandung absolviert und versuchen Gleiches nun auf unserem Nachbarplaneten Mars zu erreichen. Wissenschaftliche Instrumente verlängern unsere Reichweite dabei immens, und mit der Weiterentwicklung der Wissenschaft könnten wir unsere Entdeckungsreisen vielleicht bald bis in noch weiter entfernte Gegenden des Weltraums fortsetzen.

NEBEL

Nebel sind ausgedehnte Wolken aus Staub oder Gas im interstellaren Raum. Sie entstanden aus sterbenden Sternen und sind gleichzeitig der Geburtsort neuer Sterne.

Interstellare Nebel nehmen eine riesige Fläche ein, weisen jedoch eine geringe Dichte auf. Aus der Ferne betrachtet wirken sie durch ihre Größe wie Wolken; ihre Zusammenstellung ähnelt jedoch eher einem **Vakuum** als der Luft, die wir von der Erde kennen. Je nach den **Elementen**, aus denen ein Nebel besteht, variiert seine Farbe von Blau über Rot bis zu Grün – mitunter enthalten Nebel sogar Farben außerhalb des Spektrums des für uns sichtbaren Lichts.

Im Altertum bezeichneten Astronomen alle diffusen Lichterscheinungen am Himmel als Nebel, denn sie verfügten noch nicht über die Technik oder das Vorstellungsvermögen, mit denen wir heute interstellare Nebel untersuchen. Erst **Observationstechnologien** wie das **Hubble-Weltraumteleskop**, die uns Einblicke in den fernen Weltraum liefern, haben es uns ermöglicht, die Schönheit der kosmischen Nebel zu begreifen.

Viele Nebel wurden entsprechend ihrer Form benannt. Der **Pferdekopfnebel**, ein Teil einer Dunkelwolke im Sternbild Orion, wurde von der Astronomin **Willamina Fleming** erstmals entdeckt und sehr anschaulich benannt. Weitere nach ihrer Form benannte Nebel sind der **Katzenaugennebel**, der **Ringnebel** und der **Schmetterlingsnebel**.

IST DA DRAUSSEN JEMAND?

Wie wahrscheinlich ist es, dass außerhalb unseres Sonnensystems intelligentes Leben existiert? Der Physiker **Enrico Fermi** äußerte seine Gedanken dazu wie folgt:

Einerseits ist die Wahrscheinlichkeit ziemlich hoch, dass auch anderswo erdähnliche Planeten mit intelligentem Leben existieren könnten und diese Lebensformen versuchen würden, den Weltraum zu erkunden und mit anderen Lebensformen zu kommunizieren. Andererseits existieren keinerlei Belege dafür, dass außerirdisches Leben jemals die Erde besucht hat oder mit der Menschheit in Kontakt getreten ist. Die Bedingungen legen nahe, dass außerirdisches Leben existieren sollte, doch für dessen Existenz gibt es keine Beweise. Dieser Gedankengang wird auch als **Fermi-Paradoxon** bezeichnet.

Selbst wenn intelligentes Leben noch an anderer Stelle des Universums existiert, erscheint es äußerst unwahrscheinlich, dass es eines der winzigen goldenen Objekte an Bord der Pioneer oder Voyager-Raumsonden finden wird. Warum also machen wir uns die Mühe, diese Sonden mit menschlichen Artefakten auszustatten?

Die Antwort darauf ist eine Gegenfrage: Warum nicht? Das Entschlüsseln von Botschaften aus dem Sternenraum ist seit der frühesten Geschichte der Menschheit ein Teil unserer Identität. Und so erscheint es nur logisch, dass wir das Bedürfnis haben, selbst Botschaften auszusenden. Selbst wenn die Menschheit die einzige intelligente Lebensform ist, die diese Botschaften hören und sehen kann, sollten wir nicht aufhören, sie auszusenden. Letztendlich sind es schon seit jeher unsere eigenen Botschaften, die wir am Nachthimmel lesen.

DANK

Zunächst danke ich meiner Lektorin, Kaitlin Ketchum, die mir bei der Entstehung dieses Buches mit fachlichem Rat zur Seite stand, sowie der Buch-Designerin Betsy Stromberg, die für Ordnung und die wunderschöne Gestaltung sorgte. Mein Dank gilt zudem Jane Chinn, Natalie Mulford und Windy Dorresteyn beim Verlag Ten Speed Press.

Dazu möchte ich meinen Eltern Julie und Jeff Oseid danken, die mich in meiner Kindheit in Planetarien, Bibliotheken, Museen und Gärten geführt haben – ihnen verdanke ich meine Liebe zum Lernen und Entdecken und sie standen mir immer hilfsbereit und liebevoll zur Seite.

Schließlich danke ich Nick Wojciak, meinem besten Freund, dessen Feedback mir immer äußerst hilfreich war.

ÜBER DIE AUTORIN

Kelsey Oseid ist Künstlerin und Illustratorin. Ihre Arbeit zelebriert Natur und Wissenschaft sowie die Beziehung zwischen Menschen und ihrer Umgebung. Sie lebt mit ihrem Ehemann Nick sowie zwei Katzen und zwei Hühnern in Minneapolis (USA).

REGISTER